TRAITE' DES FORTIFICATIONS, OV ARCHITECTVRE MILITAIRE,

TIREE DES PLACES LES plus estimées de ce temps, pour leurs Fortifications.

DIVISE' EN DEVX PARTIES.

La premiere vous met en main les Plans, Coupes, & Eleuations de quantité de Places fort estimées, & tenuës pour tres-bien fortifiées. La seconde vous fournit des pratiques faciles pour en faire de semblables.

SECONDE EDITION.

A PARIS,
Chez IEAN HENAVLT, Libraire Iuré, ruë S. Iacques, à l'Ange Raphaël.
M. DC. LIV.
Auec Priuilege du Roy.

A MONSEIGNEVR, MONSEIGNEVR, FRANCOIS DE L'AVBESPINE, MARQVIS DE HAVTERIVE ET DE RVFFEC,

Colonel des Troupes Françoises en Hollande, Capitaine d'vne Compagnie de Caualerie, & Gouuerneur de la Ville, Chasteau, Forts & Baronie de Breda.

ONSEIGNEVR,

Ie vous offre auec l'Architecture militaire les plans des plus importantes & des plus estimées de l'Eur pe. Ce ne sont pas des

Extraict du Priuilege du Roy.

PAR grace & Priuilege du Roy. Donné à Paris le 16 iour de Septembre 1647. Signé Berault. Il est permis à IEAN HENAVLT, Maistre Imprimeur & Marchand Libraire de cette Ville de Paris, d'imprimer, ou faire imprimer, vendre & distribuer, vn Liure intitulé, *Traité des Fortifications, ou Architecture Militaire, tirée des Places les plus estimées de ce temps pour leurs Fortifications*, remply d'vne grande quantité de Figures en taille douce pour l'vtilité du Public, pendant le temps & espace de dix ans. Et deffences sont faites à toutes personnes, d'imprimer ou faire imprimer, vendre ny distribuer ledit Liure, pendant ledit temps de dix ans, à peine de deux mil liures d'amande aux contreuenans, & confiscation des Exemplaires, comme il est plus amplement porté audit Priuilege.

Acheué d'imprimer le 7. Nouembre 1647.

Les Exemplaires ont esté fournis.

PREFACE.

CONTENANT PLVSIEVRS connoissances necessaires à toutes personnes qui font prof ssion des armes.

CHAPITRE I.

Que l'exercice des armes est le plus noble enploy de la vie Ciuile.

A raison en est, parce qu'il n'y a aucune fonction qui se propose vne fin plus noble, aucune qui y employe des moyens plus ef-

ficaces, & parce qu'elle est pratiquée, parce qu'il y a de plus genereux en la nature.

CHAPITRE II.
Quel est le but des armes.

F*Aire regner la iustice, proteger les foibles contre la violence des plus forts, maintenir les Estats en repos, & retrancher tout ce qui peut troubler la felicité des Peuples.*

CHAPITRE III.
Qui peut declarer la guerre?

T*Out Peuple, Republique, ou Prince, qui ne reconnoist*

aucun ſeperieur duquel ſes Eſtats releuent. Car n'ayans perſonne à qui s'adreſſer pour auoir raiſon du tort qu'on leur fait, ils ont droit de pouuoir eſtre iuges equitables en leur propre cauſe, & faire la guerre, en cas qu'on ait refuſé de reparer quelque grand dommage qu'on a causé à eux, ou à leurs ſuiets.

D'où s'enſuit, qu'il n'eſt permis de faire la guerre, pouſſé ſeulement du deſir d'acquerir de l'honneur, ou pour s'accommoder & aggrandir ſes Eſtats, regner ſeul, ou pour de legers ſuiets, comme firent iadis les Pictes & les Eſcoſſois, qui ſe donnerent vne ſanglante bataille pour vn chien.

CHAPITRE IV.

Qui a donné ce pouuoir aux Souuerains, & l'a osté aux particuliers?

Le droit des gens, & le consentement de toutes les Nations bien policées, qui ont retiré d'entre les mains des particuliers l'vsage de la vengeance, de peur que l'ignorance ou la passion, ne les engageast à de nouueaux excés, plus grands que ceux qu'ils voudroient reparer, & l'ont transporté à des personnes desinteressées, comme sont les Roys & les Magistrats: Et mesme, de peur que la corruption ne penetrast iusques aux fonctions de leurs charges, on a voulu que la dispensation de leur pouuoir se fasse par le ministere des Loix de chaque Estat, lesquelles y sont sagemēt establies, & lesquelles n'estans capables de sentimēt, ou de connoissance, ne peuuent étre corrompuës.

On a eu aussi égard à ce qu'il n'y eût point d'iniustice, pour puissante & temeraire qu'elle peust estre, qui ne pliast sous les Loix. A ces fins, on a laissé au Souuerain la disposition des forces publiques, pour faire obeyr à ses ordres les refractaires, conseruer les Loix en leur vertu, & restablir la paix par l'égalité, que la iustice doit reparer, quand elle se trouue lezée en quelque chose.

CHAPITRE V.
Des Duels.

LEs Particuliers donc ne peuuent-ils iamais vuider leurs propres querelles, & celles de leurs amis par les armes, & presenter le cõbat, ou l'accepter à ce dessein?

La réponce de la Nature, & de Dieu son Autheur, des Puissances de la terre, & des plus sages testes du monde, est que non. Tu ne tuëras point, dit le Maistre de nos vies, si ce n'est par mon ordre, ou celuy de mes Lieutenans. Or est-il qu'il n'a point cet ordre de Dieu, qui luy donne des iuges sur la terre, & qui l'a fait naistre suiet. Il ne l'a pas aussi des puissances Ecclesiastiques, puis que les Conciles fulminent anatheme contre les Duelistes, & que l'Eglise les maudit, les excommunie, & fait ietter leurs corps à la voirie, en detestation de leurs crimes.

Il ne l'a non plus des puissances seculieres & corporelles, puis qu'elles le deffend tres-expressement par les Edits si solemnels, par des punitions si exemplaires, & par des peines si honteuses : comme sont la confiscation de tous leurs biens, la dégradation de Noblesse, & même des supplices du cadavre apres la mort : qu'on fait traisner sur vne claye, attacher au gibet, & ietter à la voirie.

De plus, afin que les desordres des personnes qui font profeßion des armes, ne demeurent impunis, les Souuerains establissent des Ducs & des Pairs, des Mareschaux, des Maistres de Camp, des Gouuerneurs de Prouinces, & autres Iuges des differens des hommes d'épée, & de la Noblesse.

Ils n'ont point außi cette permißion de la nature, puis que la lumiere de la raison nous fait connoistre l'iniquité de ces combats.

Premierement, en ce que personne n'est bon iuge en sa propre cause, & n'a l'esprit assez épuré dans la paßiõ & le ressentiment de l'iniure pretenduë, pour iuger sainement de la qualité de l'offence, de ſa grieueté, & de ſes conſequẽces: de la grandeur des peines qu'elle merite, & d'adiuſter tellement la peine auec l'offence, qu'au ſentiment des plus ſages, ils ſoient dans l'égalité.

2. Mais ie veux que veritablement quelqu'vn ait eſté offensé, encore en toute bonne morale, tous les pechez ne ſont pas égaux, tous ne ſont pas ſuppliciables de la mort, & de la damnation eternelle de nos ennemis: toutes ſortes de torts ne meritent pas que nous expoſions ce que nous auons de plus precieux, comme ſont les biens, la vie & l'honneur, de nous, des noſtres, & de nos amis.

3. Quelle brutalité peut-on con-

ceuoir plus grande , que de voir quelqu'vn pratiquer cette action criminelle, sçachant qu'il n'y a aucune felicité pour luy apres cette vie, & risquer tout d'vn coup, tous les biens desquels il pourroit iouir en ce monde, encore plusieurs années.

Mais qui ne voit l'iniustice de ce procedé, en ce qu'vn homme qui a tenu ferme à la campagne, qui a arresté les ennemis, & les a obligé en mille rencontres de fuyr, que le feu n'a iamais fait reculer d'vn pas, & qui par sa sage conduite, a esté cause de la victoire de plusieurs batailles, est obligé de mettre en compromis sa reputation & sa vie, auec vn ieune fou, qui n'a iamais veu d'autre camp, que la Sale d'vn Maistre d'Escrime, & dont le courage n'a autre soustien que l'agilité de son corps, la souplesse de son poignet, & la force de son bras.

Ie pourrois encore auancer, que les Nations les plus genereuses du monde, n'ont iamais baillé le nom de valeur à cette brutale ferocité. Les Grecs dompteurs de l'Asie, ne l'ont pas connuë; les Romains ne luy ont sacrifié que la vie des criminels.

Bref, qui voudra faire reflexion sur la vie & la mort de ceux qui ont épanché le sang en semblables combats, & qui n'ont empesché ou puny semblables desordres, le pou-

uant & deuant faire, verra que la plusspart sont morts sans honneur, ont ruiné leurs familles, & que peu apres elles se sont entierement esteintes.

De tout ce que dessus, ie conclus, que personne ne peut douter, que ce ne soit vne entreprise manifeste sur l'authorité de Dieu, vnique arbitre de nos vies, & de nos morts: sur l'authorité de l'Eglise, & sur celle des autres Puissances de la terre; & quant & quant, que ce ne soit l'action la plus brutale que puisse pratiquer vn homme.

Il est aussi facile à conclure de ce que i'ay dit, qu'il n'est iamais permis de prendre des Seconds, & sacrifier la vie de deux innocens à vos vengeances, & de faire le plus grand tort que vous puißiez à vostre amy, sans aucune necessité, ny bien-seance ; si ce n'est peut-estre, comme il arriue ordinairement, qu'on se veüille appuyer d'une meilleure épée que la sienne : car l'on prend d'ordinaire les plus adroits à ce dessein, & non pas les plus amis, afin par ce moyen d'estre asseuré qu'on sera deux contre vn, qui est la plus honteuse lascheté, qui puisse estre entre personnes qui veulent qu'on croye qu'ils sont gens d'honneur.

CHAPITRE VI.
Remede à ce desordre.

L'*Vnique que ie voye, est, que, les Souuerains ne se contentent par Edits, tant de fois reïterez sans effet, de deffendre telles brutalitez; mais que iamais, ny eux, ny les hauts Officiers, loüent quelqu'vn pour s'estre battu, ou en fassent cas; mais plustost les en blasment & méprisent serieusement, & mesme les punissent: & qu'au contraire, ils s'enquestent des bonnes actions, qu'ont fait dans l'employ & fonction de leurs charges, ceux qui s'y sont portez en gens de cœur, & les en recompensent liberalement.*

CHAPITRE VII.
Quelles choſes ſont neceſſaires pour bien reüſſir & s'auancer dans la profeſſion des armes.

TRois: Le Naturel, l'eſtude, & l'exercice. La Nature doit fournir l'inclination, qui eſt vn instinct ſecret, & vn poids interieur, né auec nous, qui nous porte à l'Art Militaire: car comme il n'eſt pas poſſible de reüſſir, quand on s'y applique contre ſon Genie, auſſi on fait merueille, quand on y eſt porté d'inclination, & que la raiſon ſuit la pente de la Nature. De plus, il eſt beſoin d'auoir *le temperament fort & la complexion ferme & robuste, pour vaincre les difficultez des saisons, & les iniures du temps, pour suffire aux couruées continuelles & laborieuses; & sur tout à ce mouuement perpetuel, & à cette attention sans relasche, qui doiuent tousiours agiter, & tousiours bander l'ame d'vn homme de Guerre. La delicatesse du temperament, & les infirmitez du corps, en ont retardé plusieurs, que la promptitude & les éleuations de l'esprit eussent mené bien haut, si elles n'eussent esté rabatuës.*

La science de la Guerre, & la science des mœurs, sont aussi necessaires: car si vne personne n'a l'ame tranquille, mesme dans l'employ des armes, le sens-commun bon & solide, & le iugement rassis: & si la science & l'experience ne l'ont rendu capable de manier aussi biẽ les affaires Politiques, que d'executer quelque entreprise, il demeurera souuent sans employ, & dans la sale d'vn General à ioüer au tricquetrac, pendant que les autres entreront au cabinet, où se resoudront les affaires.

La science des mœurs est aussi tres-necessaire, pour corriger certaines inclinations ou méchantes habitudes qui sont contraires aux fonctiõs militaires, & empeschent qu'vn Prince ne confie l'executiõ d'vne affaire d'importance à ceux qui s'entrouuent acceüillis.

CHAPITRE VIII.
A quel âge il faut se ranger sous les armes.

ENuiron les 14. ans, parce qu'õ ne se rebute iamais des trauaux esquels on s'est exercé de ieunesse. La quantité de sang qu'õ a en cet âge, fait qu'on n'apprehẽde aucun peril, & l'experience, qui seule peut donner la science de la guerre, & la perfection à vn homme d'armes, ne peut étre, ny pleine ny consommée, si l'on n'est entré de bonne heure dans le mestier, si l'on n'y demeure long-temps, si l'on n'y a veu vn grand nombre, & gran-

de varieté d'occasions, & si l'on n'y exerce quantité de fonctions fort differentes, à toutes lesquelles étant requis beaucoup de temps, il faut s'y ranger de bonne heure.

CHAPITRE IX.
Sommaire de tout l'Art Militaire.

L'Art militaire a cinq parties.

La 1. enseigne comme il faut bastir & fortifier toutes sortes de places.

La 2. declare comme il faut leuer & choisir des Soldats, les faire subsister, les dresser, les faire marcher, camper, loger, ranger, combatre, & faire retraite.

La 3. comme il faut conseruer vne place, tant en paix que durant vn siege.

La 4. comment il faut assieger.

La 5. donne la composition, l'vsage & les effets des feux d'artifices & armes à feu.

CHAPITRE X.

De quelles parties de Mathematique on doit estre pourueu pour ce dessein.

A Peine y en a-t'il aucune qui ne luy soit necessaire, ou qui ne luy donne de grands auantages, ou au moins d'agreables diuertissemens.

L'Arithmetique luy enseigne à

tenir bon compte & bon ordre, tant dans ses affaires domestiques, que dans celles que son Prince luy commet. Elle sert à dresser des bataillons, à former & distribuer les logemens d'vn camp, à supputer le nombre d'hommes, l'argent, & le temps qui est necessaire pour executer quelque dessein ou trauail.

La Geometrie luy apprend à mesurer les hauteurs d'vne tour, la largeur d'vne breche, ou d'vn fossé, l'angle d'vn bastion, à leuer iustement vn plan, ou le tracer sur terre, & mille autres choses d'importance.

La Mechanique fait dresser des machines, des ponts, des écheles, & tout ce qui est necessaire pour ruiner & renuerser des trauaux, & sert grandement à vn General d'armée, pour distinguer entre les propositions d'vn Charlatan, qui ne sont soustenuës que de son impudente ignorance, & de l'authorité de quelque introducteur trop credule, & celles d'vn habile Ingenieur, qui n'auance rien qui soit contraire à la Nature, & qui propose des moyens qui paroissent possibles.

La Cosmographie & Geographie sont tres-agreables, tant pour voyager, qu'afin de parler pertinemment de ce qui se passe dans les Estats estrangers, & se sçauoir seruir des Cartes, pour bien conduire & loger des troupes.

TRAITE' DES FORTIFICATIONS.

LIVRE PREMIER.

CHAPITRE I.

Explication des termes, dont on ſe ſert parlant des Fortifications.

VILLE eſt vne aſſemblée de pluſieurs perſonnes pour viure ſous mêmes Loix, & ſe deffendre contre ceux qui voudroient inquieter leur repos. Voyez la planche. D. 21. NOMBRE I.

Citadelle, eſt vne petite Cité, Fortereſſe ou Chaſteau, pour deffendre & garder quelque lieu, paſſage, ou place d'importance. D.21. N.2.

Reduit, eſt vn lieu auantageux, retranché du reſte de la place pour s'y retirer, en cas de ſurpriſe, & de là cõtenir, & reduire les Bourgeois à faire leur deuoir, ou ſe deffendre contre les aſſaillans. D. 21. N. 4.

Chaſteau, eſt vne fortereſſe à l'antique, fermée de foſſez & de tours. D. 21. N. 3.

Donion eſt le reduit d'vn Chaſteau. D. 21. N. 3. 4.

Fortin, petit fort, fort de campagne, ſont toutes forrereſſes, eſquelles les angles flanquez ſont diſtans entr'eux, moins de 120. toiſes. Il ſe fait pour vn temps, afin de garder quelque paſſage ou lieu dangereux, ou dans quelque circonuallation. D. 16. 17. 18. 19. 20.

Ville close, eſt vne place enuironnée de murailles, fortifiée ou non.

Place fortifiée, eſt vn lieu bien flanqué & bien couuert.

Place reguliere, eſt celle qui a les coſtez & les angles égaux, & les baſtions ou pieces qui ſont ſur iceux, égaux, proportionnez, & ſuiuans pour la deffendre. A. IX. X.

L'irreguliere, eſt celle où ces choſes ſe trouuent inégales. B. 1. 2. 3.

Figure, eſt vne eſpace terminé, propoſé à fortifier. D. 4. B. B. 6. B. B.

Toute figure prend ſon nom, ou du nombre des angles, ou des coſtez. De là viennent les noms Grecs de Trigone, Tetragone, Pentagone, Exagone, Eptagone, Octogone, Enneagone, Decagone, Endecagone, Dodecagone, Polygone, que nous diſons en François, à trois 4. 5. 6. 7. 8. 9. 10. 11. 12. ou pluſieurs angles, coſtez ou baſtions. D. 4. B. B.

L'angle de la figure, eſt celuy qui ſe fait au centre de la place, par le concours de deux prochains rayons, tirez des angles de la figure. D.4. BAB. Tout angle de la figure eſt ſaillant ou rentrant.

Angle ſaillant, eſt celuy qui ſort hors de la place, & s'auance vers la campagne. B. 7. c. d. e. d. c. b.

Angle rentrant, eſt celuy qui ſe retire en dedans. B. 7. a. b. c.

Places d'Armes, eſt vn grand lieu qui eſt dans la ville, auquel viennent aboutir les principales ruës, & auquel les Soldats s'aſſemblent pour prendre l'ordre des gardes, receuoir les commandemens, ou pour faire exercice. D. 8. A.

Place d'Armes particuliers, eſt quelque place proche de chaque baſtion, ou au pied du rampar, où les Sol-

Soldats enuoyez de la grande place, pour aller au quartier destiné, releuer ceux qui sont en garde, ou rafraichir ceux qui combattent : les ruës aussi proches du rampar, où se font les retranchemens generaux, portent ce mesme nom. D.8.1.1.

Rampar, est vne leuée de terre qui couure & enuironne la place. E.1.R. B.E.4.A.E.

Ses parties sont les talus, interieur & exterieur, le terre-plain, la banquette, le parapet, & la berme.

Talu ou glacis est vne pente qu'on baille à vn terrain ou muraille, afin qu'elle aye plus de pied & de force pour se soustenir. E.1.2. T.B.H.P.

Terre-plain, est la partie du rampar qui est également aplanie, pour le recul du canon, & le chemin des Soldats. E.1.1.e.1.2.Z.T.E.4.A.B.

Banquette, est vn ou plusieurs degrez ou relais d'vn pied & demy de haut, large de trois, pour hausser le mousquetaire, lors que le parapet est trop haut. E.3.B.C.E.5.2 4.

Parapet, est vn mur ou terrasse, éleuée sur vn rampar ou muraille, ou autre terme de quelque lieu qui se doit deffendre pour couurir les hommes & le canon de la place. E. 1.l.m. E. 4. b.d, g. h.

Embrazures, sont les ouuertures des parapets par lesquels tire le canon E.2.a.c.c.

Merlon ou tremeau, est ce qui est entre-deux embrazures. E.2. b. b.

Berme, est vne retraite d'vn pas ou enuiron, qu'on laisse entre le parapet, & le talus exterieur du rampar, pour receuoir la terre du parapet, en cas qu'il soit ruiné, ou que la terre s'auale de soy-mesme: autres l'appellent barbe, relais, orteil & pas de souris. E.1.S.E.6.B.B.

Caualiers, sont terrasses éleuées

ſur le rampar, qui ſurpaſſent autant les autres ouurages, qu'vn Caualier fait vn homme de pied. G.7. c.c.e 9. 2.c.

Vn commandemẽt, eſt la hauteur de neuf pieds, qu'vn lieu a par deſſus vn autre. Il peut eſtre ſimple, composé, meurtrier & en precipice, de frõt, de courtine ou de reuers, qui voit la breche à dos.

Chemin des rondes, eſt l'eſpace qui eſt entre le rampar & la muraille. E.1.m.

Fauſſe braye. E.4.F.G. L.2. eſt differente du chemin des rondes, en ce que le chemin des rondes eſt ſur le rampar, n'eſt large que d'vne toiſe, & que ſon parapet n'eſt qu'vn gardefou, épais d'vn pied & demy, là où la fauſſe-braye eſt vn eſpace au pied du rampar ou muraille, large au moins de quatre toiſes, pour le recul du canon & paſſage des Soldats, & a de plus vn parapet à l'épreuue du canon, & ſouuent eſt plus baſſe que le niueau de la campagne, n'étant faite que pour empeſcher la trauerſe du foſſé, & receuoir les ruines que le canon fait dans le corps de la place.

Muraille eſt vne maſſonnerie qui ſe fait autour du terrain du rampar, de peur qu'il ne s'éboule. E. 2. 8. 9 G. 5.4.5.

Contre-fort ou éperons, ſont certains piliers & parties de muraille, diſtans de quinze à vingt pieds les vns des autres, qui s'auancent le plus qu'on peut dans le terrain, qui ſe ioignent à la hauteur du cordon, par des voûtes ou arceaux pour ſouſtenir le chemin des rondes, & partie du rampar, fortifier la muraille, & affermir le terrain. G. 8.1.2.3. 4.

Chemiſe, eſt la ſolidité d'vne muraille à plomb, depuis ſon talus, iuſques au cordon. E. 1. 2. H. 7.

Cordon, eſt vne bande de pierre arrondie, qu'on met où finit la muraille, & commence le parapet: il regne tout autour de la place: s'il n'eſt arrondy, on l'appelle plinte. E 5. a.

Eſcarpe, eſt le talu ou pente, qu'on baille vers le foſſé à la muraille, pour ſe mieux ſouſtenir. E. 2. 8. 9.

Banquette, de ce nom auſſi, s'appelle vne retraite de deux pieds ou enuiron, qu'on fait de l'épaiſſeur des fondemens de la muraille en dehors, ſur le plan du foſſé. G. 8. a.

Contre-mine, eſt vne taillade, voûte, caueau voûté, ou allée qu'on fait au deſſous de la banquette, tout le long de la muraille, large de trois pieds, & haut de ſix, auec pluſieurs trous, qui vont iuſques en haut, & iuſques aux fondemens, pour empeſcher, comme on ſe perſuadoit, l'effort des mines, & enleuer les ruines, qui rendent l'accés de la breche trop facile. G. 8. a.

Cascanes, sont certains puits, plus creux les vns que les autres, qu'on fait dans le retranchement du terre-plain, proche la muraille, pour éuenter vne mine, ou bien que faisoient les assiegeans, lors qu'on minoit les places par dessous le fossé.

Courtine, est tout l'espace de la terrasse ou muraille, qui est entre deux bastions. G. 6. R. 5.

Pont-leuis, se font à fleches & à bacule. H. 3 H. 7.

Herse Sarrasine ou Cataracte, est vne contre-porte suspenduë, faite de grosses membrures de bois à quarreaux, pour empescher l'effort du petard, ou bien pour arrester vne surprise par sa cheute. H. 4. 2.

Orgues, sont de grosses pieces de bois, proche d'vn demy pied les vnes des autres, qu'on laisse tomber comme vne herce par des trous faits à la voûte; mais qui ne peuuent tous é-tre arreſtez ou rompus facilement comme les herces. *H*. 4.1.

Bacule, eſt vne porte qui ſe leue en trébuchet, auec vn contre-poids deuant les corps de garde, auancez deuant les portes, & eſt ſouſtenu ſur deux gros paux, hauts de quinze à ſeize pieds.

Palliſſade, eſt vne rangée de paux, fort hauts, plantez prés l'vn de l'autre, auec des trauerſes, à la premiere auenuë d'vne place: on en fait auſſi au pied des baſtions, courtines, & ſur l'eſplanade, pour empeſcher les ſurpriſes. G. 9. 4. F. 6. 7. 8.

Barrieres, ſont de gros paux plantez à dix pieds l'vn de l'autre, hauts de 4. à cinq pieds, auec leurs trauerſiers, pour arreſter ceux qui voudroient entrer auec violence, & où on fait dire à ceux qui ſe preſentent, d'où ils viennent: Elles s'ouurent & ferment par fois, pour laisser passer les charettes & gens à cheual. H. 3. e. c. d.

Cheual de frise ou herisson, est vne sorte de barriere, faite d'vne poutre. armée de pointes de fer, ou de bons pieux de bois armez de fer au bout, qui tourne horizontallement, balãcée & supportée par le milieu, sur vn gros pau, planté en terre, qu'on ouure & ferme selon le besoin. H. 4. 3.

Moulinet, est vne croix de bois, qui tourne horizontallement sur vn pau de bois, qui est à costé de la barriere, entre les bras de laquelle passent les gens de pied. H. 3. c.

Bastion, est vn grand corps fait de muraille, ou bien vne leuée de terre, disposée en pointe, auec des faces & des flancs, basty sur vn angle saillant de la figure. D. 8. f.

Plate-forme, est toute piece de fortification, bastie dans vn angle rentrant. B. 11. a.

Elle ſe prend encores pour tout corps éleué, aplany, & plus long que large. G.4.a.

Rauelin, eſt vne piece de fortification, qui a des faces & des flancs cõme vn baſtion; mais qui eſt baſtie dãs vne courtine, & non pas ſur vne angle; les vns ſont attachez à la courtine. G.4.B. les autres en ſont détachez. A.x.I.B.B. ſi le lieu ne permet qu'on faſſe la fortification toute entiere, & n'en admette qu'vne moitié, on la nomme demy baſtion. B.10.A.B.

Tenaille, eſt vne fortification qui porte en teſte vn angle rentrant, ſi elle n'a pas de flancs, elle s'appelle tenaille ſimple ou forces. D.10.I. ſi elle en a, on l'appellera tenaille flanquée. D.12.2.

Face ou pans, ſont les parties d'vn baſtion les plus auancées, qui ſont oppoſées à la campagne. D.8.E.C.

Angle flanqué, eſt la pointe comprise entre deux faces. D.8.E.C.E.

Flanc, est la partie qui conioint la courtine à la face du bastion : Si elle tombe à plomb sur la face D. 8. d. E. on la nomme flanc premier, si elle tombe à plomb sur la courtine, on la nomme flanc second. De present on confond ce mot de flanc second auec ce que nous appellons feu.

Flanc fichant, est celuy dont les coups qui en sont tirez, peuuent se ficher & donner en ligne droite, dãs la face du bastion prochain, ce qui arriue lors que la deffense commence de la courtine. D.8.9.10.

Flanc razant, est celuy de la conionction duquel auec la courtine, les coups qui en sont tirez, razent la face du bastion voisin, ce qui arriue lors qu'on ne peut découurir la face que du seul flanc, & non de la courtine. D.4.5.6.

Flanc couuert, est celuy dont la partie exterieure auance pour couurir celle qui eſt plus interieure. Si cette partie qui auance eſt arrõdie, on l'appellera orillon. G.6. ſi elle eſt droite, on la nomme épaule. G.7. G.9.

La partie du flanc qu'occupe l'épaule en orillon, eſtant plus haute que la partie reſeruée au canon, on nomme cette partie, place baſſe, & celle qui eſt plus auant dans la demie gorge, place haute. G.6. n. m. G.7. b. a.

Caſe-mates, ſont certaines voûtes qu'on faiſoit autrefois dans les flancs pour loger le canon, qu'on met de preſent dans les places baſſes.

Poterne eſt vne fauſſe porte qu'on fait auprés de l'orillon, ou au bas de la courtine, pour faire des ſorties ſecretes.

La gorge du baſtion eſt l'entrée du baſtion vers la place: Elle ſe prend également ſur les coſtez de la figure D.8. D. D. Sa moitié ſe nomme demie-gorge. D. 8. d. b.

Centre du bastion, est le rencontre de deux demies-gorges, ou bié de 2. courtines, produites à l'infiny. D. 8. B.

Ligne capitale, est celle qui est tirée depuis l'angle de la figure iusques à l'angle du bastion. D. 8. b. c.

Ligne de deffence, est celle qui se tire, depuis l'angle que fait le flanc auec la courtine, iusques à la pointe du bastion opposé. D. 8. d. c.

Ligne razante, ou bien courte-ligne de deffence, est la distance prise du lieu, où on commence à découurir la face du bastion, opposé iusques à la pointe du bastion. D. 8. g c.

Feu ou deffence, est toute partie de laquelle on peut tirer & faire feu pour la deffence de quelque lieu, qu'on peut enfiler, razer, nettoyer, ou ficher. D 8. g. d.

Dehors, sont tous ouurages détachez de la place.

Demies-lunes, sont pieces angulaires, qu'on met deuant vne courtine, vn bastion, ou vne corne, enuironnée de toutes parts d'vn fossé en forme d'Isle, D.8.K. A.XIIII.a.b.

Conserues, ou contre-gardes, sont pieces triangulaires, en forme d'vn gros parapet, qui s'éleue du fossé, deuāt les faces & la pointe d'vn bastion pour les conseruer. D.9.10.G.G.

Cornes, sont dehors, qui auancent fort vers la campagne, & portent en teste vne tenaille ou deux demis-bastions, en forme de cornes, qu'elles presentent à l'ennemy. D.10.12.1.2. A. XI. a. F. 1. 2.

Couronnement, sont certains ouurages desquels on enuironne les cornes. D.13.a.

Fraise, est vne espece de pallissade, faite de pieux de bois sur le milieu, de la hauteur des faces de la place, ou des dehors de terre, vtiles pour découurir vne ſurpriſe de l'ennemy, ou afin que perſonne ne ſorte de nuit de la place. E. 6. m.

Foſſé, eſt l'eſpace creuſé, entre la place & la campagne. E. 1. h. c. E. 2. 6. 7. 8. 9.

Cuuette, eſt vn petit foſſé au milieu du grand. E. 1. 2. a.

Contre-ſcarpe, eſt le talu ou penchant qu'on baille au bord du foſſé, pour ſouſtenir la terre de la campagne, de peur qu'elle ne s'éboule dans le foſſé. E. 2. 6. 7.

Chemin couuert ou corridor, eſt vne eſpece de galerie, ou vn chemin large, dreſſé ſur la contre-ſcarpe, & couuert de l'eſplanade. E. 2. 6. 6. E. 1. o. p. E. 3. A. B. F. G.

Eſplanade, eſt vn rehauſſement de terre, qui ſert de parapet, couure le corridor, & va ſe perdre inſenſiblement dans la campagne. E. 1. 2. d. c. E. 3. D. C. E.

Redãs,sõt certaines retraites faites en forme de dents de ſcie, qui auancent dans l'eſplanade, ou en lieux de difficile accés, ou autres, qu'on ne peut autrement flanquer. D. 8. K. L.

Profil, eſt vne ſection ou coupe perpendiculaire ſur l'horizon, qui nous repreſente toutes les largeurs d'vne place. E. 1. 1. 2. E 6.

Paliſſades, ſont des pieux hauts de cinq à ſix pieds, qui par fois ſont ferrez en haut d'vn fer à deux pointes, qu'on fiche ſouuent en l'exterieur de la fortereſſe, par fois au pied des courtines & rempars, & plus ſouuent ſur l'eſplanade, à deux ou trois pieds du corridor. F. 6. 7. G. 9. 4. E. 1. 1. D.

Chandeliers, ſont de hauts pieux de bois, qui ſeruent à ſouſtenir des faſcines, rameaux, planches, & ſemblables choſes, dont on ſe ſert pour empeſcher que l'ennemy ne voye ce qu'on fait derriere. G. 9. 6.

Cheuaux de friſe ou barricades, ſont des arbres taillez à ſix faces, trauerſez de baſtons longs de demie pique, ferrez au bout, qu'on met en des paſſages ou bréches, pour retarder, tant la Cauallerie que l'Infanterie : Ils ont pris leur nom de Groningue, ville de friſe, où ils ſeruirent beaucoup. H. 4.3.

Chauſſes-trappes, ſont fers à quatre pointes, de deux pouces de long, leſquels ont touſiours vne pointe en haut, en quelque façõ qu'on les iette; on s'en ſert aux bréches, foſſez, & autres lieux. G. 9.5.

CHAPITRE II.

Deſſein general des fortifications.

LA fortification a pour but, de baſtir tellement vne place, que ceux qui y demeurent, ſoient en aſſeurance, & que peu de perſonnes y puiſ-

puissent resister à beaucoup d'ennemis.

On vient à bout de ce dessein, en se flanquant, & en se couurant.

Flanquer vne place, est la bastir en sorte qu'il n'y ait aucune partie qui ne soit deffẽduë, & de laquelle on ne puisse, auec auantage, frapper son ennemy en flanc, à face & à dos, & l'obliger à se retirer: *vt qui scalas vel machinas voluerit admouere, non solùm à fronte, sed etiam à lateribus, & prope à tergo veluti in sinum circumclusus opprimatur*, dit Vegece, *l.* 4.*c.*2.

Se bien couurir, est opposer à l'ennemy quelque corps, qui nous couure de luy, & soit capable de soustenir ses coups, auec peu de dommage.

Pour cette occasion, de present on brise la longueur des lignes & murailles, auec quantité d'angles, partie saillans, partie rentrãs, afin que toutes les parties se flanquent & s'épaulent mutuellement, & que l'ennemy qui s'en approche, trouue les accés fermez de toutes parts.

A quoy ne prenoient garde les anciẽs, lesquels bastissans des villes, ou des tours, preferoient la figure ronde, parce qu'elle estoit plus capable que toute autre de pareil contour, & parce qu'elle resistoit mieux aux Beliers & autres artifices, dont ceux qui attaquoient, se seruoient pour lors. La nature des choses arrõdies & des voûtes, esquelles chaque pierre est bastie en coin, étát de tenir plus ferme, à proportion qu'elles sont plus chargées & pressées vers le centre.

CHAPITRE III.

Maximes.

1. QV'IL n'y ait aucun lieu, qui ne soit flanqué & veu de dedans la place.

2. Que la grande ligne de deffence ne ſoit plus longue de 150. toiſes, ou deux cens pas; qui eſt l'eſpace dans lequel vn mouſquet commun a plus de force qu'il n'en faut pour frapper aſſeurément vn homme, & le tuer.

3. Que la demie-gorge du baſtion & chaque flanc, n'ait moins de dix-huit toiſes, ou vingt-vn pas.

4. Qu'en la pointe des baſtions, ſoit vn angle droit, ou approchant de droit, & iamais vn obtus, ny vn moindre que ſoixante degrez.

5. Qu'vne place eſt meilleure, plus il y a de deffence, & moins de choſes à deffendre.

6. Que toute la fortification ſoit à l'épreuue des armes de ceux auſquels on veut qu'elle puiſſe reſiſter, & aye des parapets de matieres douces, & qui ne faſſent point ou peu d'éclats.

7. Que les parties les plus proches du centre, ſoient plus hautes, &

commandent aux plus éloignées.

ESCLAIRCISSEMENT DE CES maximes.

CHAPITRE IV.

Pourquoy il ne doit y auoir aucun lieu en tout le contour d'vne place, qui ne soit flanqué.

LA raison en est toute claire, parce que s'il y a quelque endroit qui soit tel, l'ennemy s'y attachât, le ruinera, & s'en emparera: puisque on ne peut, comme nous supposons, le voir & deffendre : & ne seruira de rien à cette place, d'estre bien fortifiée par tout autre endroit ; Nous voyons aussi que dans les sieges reglez, l'ennemy ruinât par ses batteries, les parapets & les flancs, n'a autre dessein que de faire qu'vn Mineur puisse passer le fossé, & s'attacher à quelque lieu, d'où il ne soit apperceu de dedans la place. Car au même instant qu'il a fait vn trou pour se couurir, en moins de deux iours il fait vn fourneau, & reduit vne place à tel état, que de ce momẽt, entre vne ville assiegée, & vne ville prise, il n'y a plus que huit ou ou dix iours de differẽce; Et c'est pour cette raison que Charles-quint, & depuis lui, tous ont improuué les pointes des bastions arrondies, semblables à celles qui sont encore à Ausbourg & Padouë, & en quelques autres places que i'ai veuës, étant chose claire, qu'étans arrõdies, elles ne peuuent estre entierement flanquées, & couurent l'ennemy.

CHAPITRE V.

Pourquoy la grande ligne de deffence ne doit estre plus longue que deux cens pas Geometriques.

PArce qu'il importeroit peu qu'õ vit l'ennemy de dedans la place, s'il eſtoit ſi fort éloigné, que vous ne peuſſiez l'offẽcer de là, & luy dire efficacement par la bouche de vos armes, qu'il ſe retire. Or en cette matiere, quatre choſes ſont certaines. La 1. que la deffence ſe doit prendre du mouſquet, & non du canon, dautant que le canon demande trop de perſonnes pour eſtre ſeruy & executé, conſomme beaucoup de munitions, eſt facilement démonté, difficilemẽt reſtably, & ne peut entretenir vn feu continuel. La 2. qu'vn mouſquet cõmun, bien qu'il ne porte que 120. toiſes, de point en blanc, il a toutesfois de 200. pas Geometriques, beaucoup plus de force qu'il ne faut pour tuer vn homme. *Interualla turrium ita ſunt facienda vt ne longius ſit alia ab alia ſagittæ emiſſione qua hoſtes reiiciuntur*, dit Vitruue. *l.* 1. *c.* 5. Or perſonne n'a hanté les armées, qui ne ſçache que pluſieurs ſont iournellement tuez de bien plus loin que de 200. pas Geometriques. 3. Ie pourrois nommer plusieurs des meilleures places de l'Europe, tant en Allemagne, Italie, qu'en France & Flandres, en plusieurs bastions desquelles la grande ligne de deffence, a même plus de 200. toises: & toutesfois ces villes ont soustenu les plus celebres sieges de nos iours, & ou n'ont esté prises, ou bien ne l'ont esté pour ce suiet, & ces places sont de si haute cõsideration, & il y en a tãt de telles, que celuy-là seroit tenu pour badin & sans experiẽce, qui apres telles instãces, trouueroit à redire en ce point. Le seul deplaisir que ie craindrois de donner aux Gouuerneurs, qui m'ont fait l'honneur de me permettre de visiter leurs places, m'empesche de les nommer.

4. Il est certain que les dépenses en seront moindres de beaucoup; & qui

voudroit se seruir des mousquetons que Monsieur de Selincour Gentilhomme Picard, preséta au feu Roy à Amiens, durant le siege d'Arras, lesquels portét 300. pas Geometriques, de poinct en blanc, chargez d'vne bale grosse comme vn estœuf, ou 25. de mousquet, on feroit la moitié moins de bastions, & on auroit besoin de beaucoup moins de Garnison. I'ay en main vn tel mousqueton, & ne me sembloit plus pesant que les ordinaires.

CHAPITRE VI.

Pourquoy la demy-gorge doit estre de vingt-vn pas.

PArce que dans cet espace, il faut qu'il y ait place basse & place haute; c'est à dire deux parapets, de quatre pas chacun, deux longueurs de canon, de cinq pas chacun, & faut encore de reste quelque espace pour donner entrée au canon, aux munitions, aux Soldats, & pouuoir faire vn retranchement ſelon la neceſſité. A Cazal & ſemblables places Royales, on a baillé pour ce ſuiet vingt-huit pas, tant à la demy-gorge, qu'à chaque flanc.

CHAPITRE VII.

Pourquoy il faut donner vingt-vn pas à chaque flanc.

LA plus grande deffence d'vne place, ſe prenant de ſes flancs, on a beſoin de 7. pas pour y loger deux pieces de canon, & n'en faut pas moins de 14. pour contenir de l'Infanterie, qui ſoit en nombre ſuffiſant pour entretenir vn feu cõtinuel durant vn aſſaut. Ceux de Heſdin en ont de 20. à 28. Cazal, 27. Ligourne, 22. Turin, 21. Amiens, vingt. Le Havre, 19. Metz, dix-ſept. Moyenvic, dix-ſept.

CHAPITRE VIII.

De la pointe des Bastions.

POVR éclaircissement de la quatriéme maxime, ie dis, que l'angle droit est preferable à l'angle obtus en la pointe des bastions.

1. Parce qu'vn bastion qui aura cet angle, sera beaucoup plus capable qu'en ayant vn obtus, si on le fait sur la même gorge & les mémes flancs.

2. Dautant que l'angle obtus fait que les faces des bastions sont fort grands, & les courtines & les flancs fort petits: d'où s'ensuit qu'il y a peu de deffence, & vn grand espace à deffendre.

L'angle trop aigu & moindre de 60. degrez, est reietté de tous, parce qu'il n'a pas assez de corps pour resister à la violence du canon, qui luy rompt incontinent le nez, & comble le fossé; comme aussi parce que l'espace que contient vn angle & pointe estroite, n'est suffisant pour y loger le canon, & ceux qui combatent, ou pour y faire vn retranchement, en cas de besoin.

Les auantages de l'angle droit, ou peu moins que droit, sont, qu'il resiste tres-bien au canon; parce que toute la solidité de son corps, & specialement la longueur de ses faces se trouuent directement opposés aux batteries, qui se font ordinairement en croix, & à angle droit, pour estre plus violentes & auoir plus d'effet.

2. En telle fortification, la deffence se prend par fois, même du milieu de la courtine, & les flancs sont fort capables, & ne razent pas seulement la face des bastions, mais peuuent découurir dans la pointe, si on y fait bréche, & tirer à dos sur ceux qui voudroient y dõner assaut, sans toutesfois que la solidité diminuë de

beaucoup, ſi l'angle n'eſt moins que droit, que de dix à douze degrez.

Que ſi vous me dites qu'vn baſtiõ qui a l'angle obtus, & n'a point de gorge determinée, eſt bien plus capable que ceux à qui ie ne donne que de 21. à 30. pas de demie-gorge, & autant de flanc, auec vn angle droit: Ie rẽpõd, que cela peut eſtre vray, mais que celuy que nous propoſons icy, n'eſt que trop grand pour ce qu'on en a affaire. Car dans ſon aire, on pourra à l'aiſe ranger en bataille, plus de 800. hommes, loger douze pieces de canon, & y faire encore de beaux retranchemens.

De plus, dans vn angle obtus quãd il eſt abatu, il n'y a point d'eſpace où on puiſſe faire de retrãchemẽt, dautant qu'on rencontre incontinẽt les batteries, & les faudroit ruiner.

Pour ce qui concerne les faces qui compoſent l'angle du baſtion: Les

Hollandois les font toutes longues d'enuirõ 48.toises, & posent cela cõme principe ou maxime. Les Frãçois aiment mieux determiner les flancs & les gorges, dautant qu'il importe peu qu'vne face soit plus longue ou plus courte: mais beaucoup si vn flãc ou vne gorge ne pouuoit fournir à ce pourquoy on en a affaire. On peut toutesfois dire en general, que plus il y a de bastions en vne place, les faces en seront plus petites. Par exemple, si l'exagone a 58 toises de face, le decagone n'en aura que 52. quoy qu'ils ayent flancs & gorges égales.

De plus, les orillons, s'il y en a, accroissent encores ces faces.

Celles de Ligourne ont cinquante toises.

Il y en a à Hesdin de cinquante à cinquante-quatre. Et à Cazal, il s'en voit encore de plus grandes.

CHAPITRE IX.

Des maximes. 5. 6. & 7.

LA cinquiéme est si euidente de soy-mesme, qu'elle n'a besoin d'aucun éclaircissement.

La sixiéme, ne veut dire autre chose, sinon ce que le sens commun nous apprend, qu'il ne faut pas qu'vn Gétilhomme qui veut bastir vne maison aux chãps, & la flanquer en sorte qu'vn sien ennemy, ou des trouppes qui marchent sans route & sans canon, ne luy puissent faire vn affront, & qu'auec ses domestiques, il se puisse deffendre, n'a besoin de dõner à ses murs & parapets, les épaisseurs qu'on baille à vne place frõtiere, qu'on bastit pour resister au canõ de l'ennemy, ou à vne armée Royale.

Pour les parapets, en quelque lieu qu'on les fasse, il faut employer la meilleure terre qu'on puisse auoir:

autremẽt s'il s'y trouue des cailloux ou du grauier, vn coup de canon dõnant la dedans, toutes ces pierres, pour petites qu'elles ſoient, tuent, comme autant de bales de mouſquet, tout ce qui ſe trouue en ce lieu, & ne permettent que perſonne demeure derriere.

C'eſt pour ce meſme ſuiet, qu'és places où il y a fauſſe-brayes, il n'eſt aucunemẽt à propos, que le corps de la place ſoit reueſtu de muraille, de peur que le canon batant la place, les éclats de la muraille ne tuent tout ce qui ſe trouueroit dãs la fauſſe-braye,

La ſeptiéme eſt auſſi toute claire: La raiſon monſtrant que plus l'ennemy ſera veu & découuert de plusieurs endroits, plus il en ſera incommodé. Seulement quelques-vns doutent, ſi les parapets de la fauſſe-braye doiuent étre plus hauts, & commander à l'eſplanade, & aux dehors: ma pensée est, qu'oüy, & qu'autrement elle sera fort peu vtile. Car auant que l'ennemy ait pris les dehors, & la contre-scarpe, elle est inutile à la place; & lors que l'ennemy se sera emparé des dehors, si la fausse-braye est basse, elle sera commandée des dehors, & enfilée en plusieurs endroits: & partant inutile.

CHAPITRE X.

En quoy different les fortifications de France, d'Italie, & de Hollande.

BIEN que tous les intelligens de chaque Nation, conuiénét en ce qui est de l'essence des fortifications, & admettent ce que nous auons dit, comme maximes generales, & loix fondamentales: les vns toutesfois, ayans obserué quelques particularitez que les autres ont negligé, enfin ceux qui les ont consideré plus attẽtiuement, ont remarqué les choses sui-

ſuiuantes:ſçauoir, que l'ancienne façon de France, pratiquée és places qu'on a fortifié, depuis François I. iuſques à Loüis XIII. s'aſſuiettiſſoiẽt, 1. à faire, ou vn angle droit, ou vn obtus, au deſſus de cinq angles. 2. à ne prẽdre ſon feu & ſa deffence que du flanc: & 3. à ne faire la ligne de deffence plus longue de 120. toiſes.

Les Hollandois veulent que la pointe des baſtions, ſoit pour l'ordinaire, vn angle aigu, rarement vn droit, & iamais vn obtus, ny moindre de ſoixante degrez.

Qu'entre la courtine & les faces des baſtions, il ſe trouue proportion de deux à trois, donnant pour ce ſuiet à la courtine, 36. verges, qui font 72. toiſes, & aux faces, 24. verges, ou 48. toiſes: d'où s'ẽſuit, que les lignes exterieures des polygones, ſe trouuent d'enuirõ 80. verges, & les interieures, de 60.

Les Italiens admettent indifferemment toute sorte d'angles, plus grands que soixante, & prennent d'ordinaire la deffence du tiers, ou de la moitié de la courtine.

Celle que nous tenons de present en France, depuis que Dieu benissant les armes du Roy, l'experience nous a fait connoistre quelles places d'Italie, d'Espagne, de Flandre, & d'Allemagne, nous ont donné plus de peine à emporter, nous n'admettons plus que l'angle droit au dessus du 5. angle. Nous prenons le plus de feu que nous pouuons, tant du flanc que de la courtine, nous donnons à chacun des flancs, & des demies-gorges, de 21. à 30. pas Geometriques, & n'estimons point que la grande ligne de deffence, soit trop longue de deux cens pas, depuis que nous auons veu plusieurs de nos Soldats &

Officiers tuez, passé cet espace.

Et telles places se trouuent plus capables que toutes autres de pareil contour, resistent mieux, coustent moins, & ramassent tout ce que les autres ont de bon.

CHAPITRE XI.

Cinq choses à considerer en toute fortification.

POVR se flanquer, & pour se courir, & pour auoir vne connoissance entiere d'vne place, il en faut sçauoir la situation, la figure, l'épaisseur, l'éleuation, & la matiere.

CHAPITRE XII.

De la situation.

SVR ce suiet, ayez égard aux auis suiuans.

1. Qu'il ne faut iamais qu'vn Prin-

ce fortifie des places qu'il n'en peut deffendre, ayant égard au nombre de ses Suiets, & au reuenu de ses Estats.

2. Que telles fortifications se fassent en lieux necessaires, tels que sõt les passages, les ports de mer, & les frontieres; tant pour empescher l'ennemy d'entrer sans fraper à la porte, que pour arrester auec peu de gens, la premiere fureur des Conquerans, & ruiner leur armée, auant qu'elle puisse desoler le dedans du païs.

Celles qui sont au milieu d'vn Estat, doiuent étre rares, & en main seure, pour la retraite d'vn Prince, en cas de necessité.

3. Es lieux qu'il est necessaire d'en bastir, il faut prendre tous les auantages que peut donner la situation, & la nature du lieu, qui ne peut étre que plat, ferme, ou marécageux; sur

le sommet d'vne eminence, ou sur le panchant.

4. Qu'en quelque lieu que vous determinerez, il y ait de l'eau douce, qui ne puisse estre diuertie.

CHAPITRE XIII.

Auantages & desauantages qui arriuent de la situation d'vn lieu.

LEs places situées en haut commandent au loin, empeschēt les trauaux des ennemis, ont de l'auātage aux sorties, n'ont besoin que de peu de Soldats, & de peu de viures, & iouïssent d'vn bon air. Leurs defauts sont, que d'ordinaire elles māquent d'eau & de terre, ne peuuent deffendre leur escarpe, specialement si les parapets ont leur iuste épaisseur, sont difficilement rauitaillez, & sont peu propres au commerce de la vie Ciuile.

Les lieux moyens ne peuuent se fortifier, si on n'enferme les lieux qui les commandent, par le moyen de plusieurs cornes ou fortins, qu'on auance iusques-là: ou bien si on ne se couure, & si on n'oppose à tels commandemens de fortes trauerses, ou de puissans Caualiers.

Les places qui sont en plaine campagne, sont tres-bonnes, dautant qu'elles ont la commodité du charroy, l'estenduë de la campagne, la terre à plaisir, & on y peut faire tout ce que l'art & l'esprit peuuent fournir de preceptes & d'addresses; & n'ont qu'vn mal: sçauoir, que ceux qui les assiegent, ont les mesmes auantages.

Celles qui sont proches de la mer,

ſans eſtre commandées, & leſquelles la mer enuironne de ſon flus en mõtant, & laiſſe à ſec en ſon reflus, ne peuuent eſtre emportées que par ſurpriſe; tel eſt le Mont S. Michel, en la planche A. 11.

Les lieux mareſcageux ſont tres-difficiles, & de grands couſts à aſſieger; mais auſſi ils couſtent beaucoup à fonder, à éleuer, & à trouuer de la terre, tant qu'il en faut, pour leur donner vne iuſte hauteur, & épaiſſeur: ſont pour l'ordinaire mal ſains, & les munitions s'y gaſtent, ſi on n'apporte vn grand ſoin pour les conſeruer.

Le terrain graueleux ne ſe ſouſtient pas, n'a aucune liaiſon, & eſt grandement nuiſible à ceux qu'il couure.

Le ſablonneux eſt vn peu meilleur.

La terre à potier eſt preferable à toute autre, parce qu'elle ſe tranche

& manie comme de la paste, s'endurcit à merueille, & n'a besoin de grand talu.

CHAPITRE XIV.

Comment il se faut flanquer & couurir.

POVR arriuer au but qu'on pretend en se fortifiant, nous auons dit qu'il faut se flanquer & se couurir. Pour se bien flanquer, selon les principes & maximes de l'art, il faut qu'il n'y ait aucun point en tout le contour de la figure, tant reguliere qu'irreguliere d'vne place, qui ne soit veu de dedans, & que la ligne de veuë, par laquelle on pretend se deffendre, ne soit plus longue de deux cens pas, comme nous auons dit, & prouué cy-deuant.

Pour ſe bien couurir, il faut que les parties de la fortification ayent des épaiſſeurs & des hauteurs, ou éleuations ſuffiſantes pour arreſter la violence des armes de l'ennemy, & qu'il ne découure ceux qui deffendent la place, & ce qu'on deſire de plus y conſeruer.

Le plan enſeigne la figure d'vne place, la longueur des lignes qui la compoſent, & la largeur des fondemens de chaque partie.

Le profil ou coupe, nous baille les hauteurs, les largeurs, & les talus, que doit auoir chaque partie, pour bien couurir vne place.

Celuy donc qui ſçaura bien tracer & leuer vn plan ſur du papier, & ſçaura bien faire vn profil, & executer l'vn & l'autre ſur terre, ſçaura tout ce que promet l'art des fortifications.

CHAPITRE XV.

Comment il faut tracer le plan d'vne place qu'on veut baſtir.

PViſque le plan appellé des Grecs Icnographie, eſt la repreſentatiõ de la figure, & épaiſſeur de quelque choſe, telle qu'elle paroiſtroit, ſi on l'éleuoit, ou ſi on l'arrachoit de deſſus ſes fondemens, ou qu'on la coupaſt horizontalement: on peut faire & repreſenter le plan, tant d'vne place deſia baſtie, que d'vne qu'on veut baſtir; Et ce tant ſur le papier, que ſur la terre.

CHAPITRE XVI.

Pratique pour tracer le premiér & principal trait de la figure de quelque fortification.

1. TRacez vn cercle, & le diuisez en autant de parties que vous desirez auoir de bastions, par les points BB. comme vous voyez és planches D. 4. 6. 8.

2. Conduisez du centre A. par les pointes de la figure B. des lignes infinies A. B. C.

3. Diuisez chaque costé de la figure BB. en six parties égales, & en donnez vne BD. de part & d'autre pour les demies-gorges, comme vous voyez en la planche D. 8.

4 Eleuez à plomb sur les points D. les flancs D E. & leur donnez la

grandeur des demies-gorges DB.

5. Conioignez les extremitez des flancs, par la ligne occulte E E. & en prenez la moitié FE. que vous transporterez de F. en C. cela fait DE. vous donnera les flancs : EC. les faces : DD. les courtines.

Pour le pentagone & le quarré, voyez les planches D. 4. D. 6. & apres que vous aurez eleué les flancs DE. tirez en blanc la ligne de deffence du bout de la courtine D. par l'extremité du flanc opposé E. pour auoir les faces EC.

Tenez aussi la mesme pratique au triangle regulier; mais ne baillez aux flancs que la moitié des demies-gorges, comme vous voyez en la plāche D. 16. figure 3. ou les deux tiers, comme vous voyez en la planche C. 3.

Les Italiens qui ne se soucient pas tant d'auoir vn angle droit à la pointe de leurs bastiōs, que d'auoir beaucoup de feu de la courtine, diuisent cette courtine en trois, si la figure est au dessous de neuf angles, ou par la moitié, si elle en a neuf ou plus, & de ce point, par l'extremité des flancs, tirent les faces de leurs bastions.

Pour le quarré, afin d'auoir vn flanc fichant, ils ne luy baillent que quatre parties d'vne 6. diuisée en cinq, & tirent leur face de la naissance du flanc opposé, comme aussi au cinq angle, auquel ils donnent vne sixiéme, tant au flanc, qu'à la demie-gorge, comme nous.

CHAPITRE XVII.

Bonté de cette pratique.

IE prefere cette pratique, à toutes les autres qui ont esté auancées iusques à present.

Parce que c'est la plus prompte, la plus facile, & la plus intelligible, & par laquelle vn Soldat qui a vn bon sens commun, quoy qu'il ne sçache, ny Arithmetique, ny Geometrie, & ne sçache pas même lire, tracera plus promptement, & aussi iustement vne forteresse qu'vn autre, qui a passé plusieurs années à calculer des sinus, & resoudre des triangles.

Car si ayant tracé sa figure sur le papier, ou sur terre, vous luy contestez la bonté de son ouurage, sa Logique naturelle luy mettra à l'instant cet argument en bouche, & vous dira: que cette fortification-là est tres-parfaite, en laquelle se trouuent põctuellement obseruées les maximes mises cy-dessus, & en laquelle il n'y a rien qui y contreuienne.

Que si vous luy niez que sa besogne soit telle, il prendra son equerre en main, & l'appliquant à la pointe de ses bastions, il vous mõstrera qu'il n'y en a pas vn qui n'aye vn angle droit, ou tel que demande la quatriéme maxime.

De plus, auec son cordeau de vingt toises, il vous monstrera, que les flãcs, les demies-gorges, & les lignes de deffence, ont la longueur que demandent les maximes troisiéme & seconde, & vous defiera de luy monstrer aucun point qui ne soit parfaitement veu & flanqué. Et tirera cette consequence, donc mon ouurage est tres-bon, & fait selõ l'art, & n'y a rien qui y manque. Et de fait, ce n'est pas vne pratique seulement mechanique; mais vn raisonnement qui cõclud aussi certainement que sçauroit faire aucun probleme d'Euclide: & vous dira aussi precisément à vn pied prés, auec son cordeau, la longueur de toutes les lignes, qu'vn Geometre ſçaura faire, par la reſolution de ſes triangles: Et certes, ſi vous vous donnez le loiſir de faire toutes les figures, depuis le 4. angle, iuſques au 12. & par voye Geometrique, calculez tous les angles & les lignes, comme ont fait tous ceux qui ont imprimé des fortifications depuis 50. ans, & en compoſez vne table: Et d'autre part, meſurez auec voſtre equerre, voſtre regle, & voſtre compas & quard de cercle, toutes ces meſmes figures compoſées par cette pratique, vous trouuerez par l'vne & par l'autre voye, les mêmes conſequences & meſures, ſi vous auez conuenu des mêmes principes, ſçauoir de la longueur de la ligne de deffence, des flancs, des gorges; & cette pratique a encore cela d'excellent, qu'elle s'accommode à toutes ſortes de places, gran-

grandes ou petites, Royales, ou forts de Campagne, sans qu'il soit besoin de changer de figure, puisque la même, faite pour vn fort de campagne, qui n'auroit que 8. ou 10. toises de flanc, vous peut aussi seruir pour vne de 20. 25. ou 30. toises, si vous supposez que le flanc de vostre figure vaille autant, & que sur ce pied vous faciez vne échele, sur laquelle ces toises & pieds soient sensibles: car à l'instant vous voyez toutes vos parties creuës ou décreuës proportionellement: là où si en vostre châbre vous auez calculé à loisir, tous les angles & les lignes d'vne forteresse ou d'vn trauail, & que venant sur les lieux, par exemple, en quelque Isle, ou autre lieu contraint, vous trouuiez le terrain en quelque lieu plus court, ou plus grand de sept ou huit toises que vous ne croyez, il faut derechef recommencer tout vôtre calcul, ou bien faire vn monstre: là où en cette pratique, vous n'auez besoin que d'accroistre ou diminuer vostre échele à proportion requise. Ce que ie ne dis pas pour retirer de la Geometrie, ceux qui ont assez d'esprit & de constance pour s'adonner à cette estude, qui seule peut donner la perfection à cet art que nous traitons, & le doit guider; mais afin de faire sçauoir, qu'on peut auoir vne connoissance plus que mediocre des fortifications, quoy qu'on n'ait l'esprit, ou le loisir, d'apprendre la Geometrie. Afin toutesfois qu'ils ne soiét priuez des aides de cette science, & que sans se donner la peine de mesurer ou calculer, ils ayent connoissance de la longueur de toutes les lignes, & de tous les angles qui se peuuent trouuer dans toutes les figures, depuis le triangle, iusques au douze angle. Ie ioindray icy deux tables, exactement calculées.

La premiere suppose le costé du polygone de 180. toises, & par consequent la grande ligne de deffence vn peu plus grande, ou vn peu moindre. La seconde ne donne que 120. toises au costé de la figure: l'vne & l'autre est calculée sur les maximes, de present receuës en France. I'en adiouste vne troisiéme, calculée sur les principes de Hollande; En la premiere & seconde, i'ay méprisé les fractions moindres d'vn pas Geometrique; En la 3. i'ay eu égard aux pieds & aux pouces.

On pourra se seruir de laquelle on voudra, pour tracer le premier & principal trait.

Ie ne m'arresteray point icy à démonstrer ces tables; 1. de peur de grossir ce Traité, auquel i'espere que la brieueté donnera de l'agréement. 2. parce que tout Geometre, pourueu qu'il se souuienne de cinq ou six propositions scholiées ou corollaires de nostre petite Euclyde, les demonstrera facilemẽt, & cela seroit inutile à ceux qui n'en ont la cõnoissance.

CHAPITRE XVIII.

Vsage desdites Tables.

1. DIuisez vne ligne telle qu'est A B. en la planche D 8. en deux ou 300. parties égales, ou en tant qu'il vous plaira, cõme en D 2.

2. Determinez-vous quelle pratique vous tiendrez Françoise ou Hollandoise, & en prenez en main la table. D. 1. 2. 3.

3. Vous estant commandé de tracer

quelque place: par exemple, à six bastions, choisissez en vostre table le nombre de six, qui est en la premiere ligne, & suiuez toutes les proportions & nombres contenus sous ce nombre de six.

4. Voyant donc qu'en la seconde ligne de la premiere table, où est écrit ce mot, Rayon, vous trouuez 180. toises, leuez auec vostre compas 180. parties de vostre ligne diuisée, & posant vn des pieds du compas au centre A. tracez le cercle ABB.

5. Afin de le diuiser en 6. puis qu'en la ligne où vous lisez, costé du polygone, vous trouuez 180. parties, prenez ce nombre: le transportant six fois sur le contour de vostre cercle, vous le trouuerez diuisé en six parties égales, és points B. que vous conioindrez par les lignes BB. qui vous dõnerõt les costez de la figure.

6. Du centre A. par les angles B. tirez des lignes infinies: & puisque dans la ligne qui porte écrit, ligne capitale, vous trouuerez qu'elle doit auoir 52. toises, prenez ce nombre de parties, & le transportez de B. en C.

Pour la ligne de la demie-gorge, prenez les 30. toises que vous y trouuez, & les posez du point B. au point D. sur tous lesquels vous dresserez des lignes à plomb, esquelles vous donnerez depuis D. iusques en E. trente toises pour le flanc, ainsi qu'il est porté en la ligne qui en declare la quantité.

Ayant tous ces points marquez, si vous conioignez les deux points D D. auec vne ligne droite: DD. vous donnera la courtine: DE. le flãc: EC. la face; & par ainsi le premier & principal trait de vostre fortification sera accomply, & toutes les maximes s'y trouueront gardées.

CHAPITRE XIX.

Comment il faut tracer le plan des principales parties interieures d'vne place.

TIrez vne ligne parallele au premier trait, qui en ſoit diſtante d'vne toiſe pour le chemin des rondes: comme vous voyez en la planche D.8. puis vne autre HH. parallele aux ſeules courtines, diſtante du premier trait, d'autant de pas que vous en aurez donné au flanc, cette diſtance vous baillera l'épaiſſeur du rampar.

Vous en ferez encore vne autre I.I. diſtante de dix toiſes de la precedẽte, pour vne ruë ou place d'armes, qui doit eſtre au pied du rampar, en laquelle aboutissent les ruës, tirées de la grande place d'armes, que vous ferez au centre de la place, luy donnant 25. ou 30. toises de rayon, ou plus, selon le nombre des bastions, & vous l'enuironnerez de lignes paralleles aux courtines.

Ce sera assez de donner trois toises aux petites ruës, & cinq ou 6. aux grandes. On les tire droit à la gorge des bastions, ou au milieu des courtines, & quelques-vnes trauersantes.

CHAPITRE XX.

Comment il faut tracer le plan de tout ce qui est dehors, depuis les murailles de la place.

PAr ce mot de dehors i'entés tout ce qui est hors les murailles de la place, tels que sont les fossez, les chemins couuerts de leur eſplanade, les demies-lunes, les conſerues, & les cornes.

Les foſſez ſeront tirez de 15. à 30. pas de largeur, ou bien à la grandeur des flancs de la place, par des lignes LK. paralleles à la face des baſtions; Voyez les planches D. 5. D. 8. Aux places toutesfois qui ont plus de 8. baſtions, il faut les tirer en ſorte qu'elles regardent le milieu du flãc, afin que les contre-ſcarpes en puiſſent tirer leur deffence.

Que ſi vous deſirez y faire vn chemin couuert de ſon eſplanade, vous tracerez encore deux lignes, l'vne éoignée de la precedente, de deux à quatre toiſes pour le chemin couuert, MN. & l'autre OP. à 10. ou 12. toiſes de celle-cy pour l'eſplanade; cõme ſe void en la planche D. 5. Aucuns font ce chemin couuert, dẽtelé de plusieurs pointes ou esperons, qui auancent dans l'esplanade, ou bien y font des redans en dents de scie, la saillie desquels est du quart de leur branches: ce qui se fait de peur qu'il ne puisse estre enfilé. Voyez les planches. D.8. D.21.

Pour faire des demies-lunes, qui couurent les courtines & les flancs des bastions, ouurez vostre compas de la longueur de la courtine DD. en la planche D.7. & arrestant l'vne des iambes sur chacune de ses extremitez D. tracez de l'autre deux courbes de cercle, & du point Q où ils se couperont, posez la régle iusques à l'extremité des flancs E. ou à deux toises de part & d'autre sur les faces des bastions, & tirez des lignes iusques au rencontre des contre-scarpes du grand fossé, telles lignes QR. vous donneront les faces de vos demies-lunes, lesquelles il faudra enuironner d'vn fossé, qui n'aura que la moitié ou les 2. tiers de la largeur du grand fossé; pour cet effet vous tirerez des lignes parallelles aux faces, & à 2. ou 4. toises d'icelles, vne autre ligne pour le chemin couuert, qui aura aussi son esplanade, large de dix à douze toises, voyez D. 7. n. 5. p. t.

Si vous faites des demies-lunes à la pointe des bastions, souuenez-vous de les arrondir en dedans, en forme de croissant, le centre duquel sera en l'extremité du bastiõ, & l'interualle sera la largeur du fossé, & leur donner en outre, de petits flancs de 5. à 6. toises. Les faces en sont d'ordinaire paralleles à celles du bastion, comme il se void à Dame, Couuorde, & Grolle; voyez leur plan és planches, A. 12. 13. 14. D'autres afin qu'elles soient mieux deffenduës, tiennent l'angle vn peu plus aigu. On leur baille vn fossé, corridor, & esplanade, de mesme qu'aux autres.

En quelques lieux, au lieu de demies-lunes, ils ne font qu'vn bon parapet sans flancs, au mesme lieu deuant le bastion, & l'appellent, conserue du bastion. Vous en voyez le modele és desseins de l'hexagone, & eptagone. D. 9. D. 10. Et n'est different d'vne demie-lune, sinon que les faces interieures & exterieures sont paralleles à la face du bastion, & que l'interieure n'est point arrondie ; mais retient la figure & le trait de la contre-scarpe, sur laquelle cette piece est establie, elle a son chemin couuert comme les autres ouurages.

Voicy comme vous ferez des ouurages à corne qui couurent la courtine, dans la planche D. 8.

Produisez de part & d'autre les flancs DE. de vos bastions, à l'infini, auec des lignes blanches. Prenez sur ces lignes 80. toises au delà des contre-scarpes du grand fossé, du point T. iusques en V. & les conioignez auec vne ligne parallele à la courtine de la place. Diuisez également cette ligne en trois ou quatre parties, & en baillez vn tiers ou vn quart vx. de part & d'autre, pour les demies-gorges, & le reste xx. pour la courtine. Sur ces extremitez éleuez à plomb deux flancs, de 8. à 10. toises chacun xY. & posant la regle du milieu de la courtine, ou de la naissance de l'vn des flancs x. iusques au sommet de celuy qui luy est opposé en Y. tirez les faces YZ. iusques au rencontre des branches TV prolongées en z. & ainsi deux demis bastions se trouueront formez pour la reste de la corne. Que si la natüre du lieu vous oblige à prolonger les brãches de la corne, plus que la portée du mousquet, du lieu qui la doit deffendre, faites en lieu conuenable vne retraite de part & d'autre, de dix à 12. toises, qui serue pour flanquer les parties les plus éloignées, ou comme vous voyez en la planche C. 2. ou faites-y vn bastion de part & d'autre F. 4. Ou bien, ce que ie iuge le meilleur, faites deux cornes, l'vne deuant l'autre, & que la plus éloignée prenne son feu du milieu des faces des demies-bastions de la premiere, comme vous voyez en C. 2.

Finalement, vous enuironnerez tout cet ouurage d'vn fossé, qui n'aura de large que la moitié du grand, bien que le chemin couuert & l'esplanade aye sa largeur égale à celles de la place.

Que si vous desirez y faire des demies-lunes, vous y en pouuez faire, tant deuant la courtine, qu'au droit de la pointe des bastions, auec la mesme pratique que vous auez tracé celles du corps de la place. Voyez les planches F.2.F. 3.

Les couronnemens se font en mille façons: plusieurs deuant la teste de la corne, font vn bastion au milieu, puis deux courtines & deux demis-bastions, comme vous voyez és planches B.2. D.13.

L'experience à fait connoistre que le meilleur couronnement qu'on luy puisse bailler, est vn double fossé, chemin couuert, & esplanadé tout autour. F.2.

La veuë seule des meilleurs ouurages que i'ay connu, & que ie vous fournis dans mes desseins, vous declare mieux que ne sçauroiét faire vn long diſcours, les places & les differentes façons, qu'on peut tracer des dehors, & eſt difficile d'en trouuer d'autres ou de meilleurs, que ceux que vous y verrez, depuis la planche D. 4. iuſques à D. 15.

CHAPITRE XXI.

Comment il faut prendre vn plan Geometrique.

C'Eſt vne folie de penſer pouuoir auec iuſteſſe, prendre le plan Geometrique d'vne ville auec des lunettes d'approche, auec des miroirs, auec des planchettes par le moyẽ de deux ſtations, deſquelles la diſtance eſt connuë, & deſquelles on peut découurir vne place; telles & ſemblables inuentions ſont bonnes pour le plan en Perſpectiue; mais nõ pour le

Geo-

Geometrique, qui doit marquer toutes les meſures de chaque partie au vray.

Le moyen vnique, ſur lequel on peut s'aſſeurer, eſt de meſurer tous les angles, auec quelque inſtrument bien gradué; & le plus grand qu'on pourra: & prendre en main la toiſe, ou la chaiſne, pour cõnoiſtre au certain, la quantité de chaque angle, & la lõgueur de chaque ligne, & reſeruer ſur vn morceau de papier, toutes les meſures que vous aurez trouué.

Voicy l'ordre qu'il faut tenir.

S'il vous faut leuer le plan d'vn lieu, qui ne ſoit embaraſſé, ny dedans ny dehors, & que la figure en ſoit rectiligne. Diuiſez-la toute en triangles, & commẽçant par le lieu qu'il vous plaira, comme A en la planche D. 21. meſurez la ligne AB. & trouuant qu'elle a 120. toiſes, prenez vn papier, tracez-y vne ligne, & y marquez le même nõbre : mesurez puis apres le costé AE. & tirez à veuë d'œil vne autre ligne, & y posez le nombre trouué 420. cela fait, mesurez la ligne EB. qui sera la base du triangle B A E. & en faites autant dans vostre papier ; faites le mesme des costez BC. CD. & des autres consecutiuement, tant que vous reueniez au poinct A.

Tout cela preparé de la sorte, étant chez vous, tracez sur le papier où vous voulez faire vôtre plan, vne échele à discretion, diuisée en 400. ou tant de parties proportionnelles qu'il vous plaira, puis décriuez autant de triangles que porte vostre memoire, & qui ayent les costez d'autant de toises que ceux ausquels ils se rapportent, & vous aurez le plan parfait, & vne figure entiere;

ment ſemblable à celle que vous vous eſtes propoſé, comme il ſe peut démonſtrer par la 22. propoſition du Liure 1. des Elemens d'Euclide, & la 4. du 6.

Que ſi la place ſe trouue empeſchée, comme elle l'eſt d'ordinaire.

Faites planter droit des piques à tous les angles de la place, de laquelle vous deſirez leuer le plan, meſurez toutes les lignes du contour de la place, de laquelle vous deſirez leuer le plan, & tous les angles, l'vn apres l'autre, & marquez exactement ce que vous trouuerez dans le memoire, tant de la longueur des lignes, que de la quantité des angles.

EXEMPLE.

Dans la meſme planche D. 21. Ayant l'œil en A. ie dreſſe les pinules de mon inſtrument vers B. & vers E. & trouuant que l'angle BAE.

eſt droit, ie marque ſur mon papier 90. puis ie meſure la ligne AB. que ie trouue eſtre de 120. toiſes, & de la ligne AE. de 420. dont ie charge mon papier.

Puis ie tranſporte mon inſtrument en B. & trouue que l'angle ABC. eſt de cent ſix, & la ligne BC. de trois cens. Ie marque l'vn & l'autre.

Troiſiémement, l'inſtrument poſé en C. me marque l'angle BCD. de 120. degrez, & la chaiſne me dit que la ligne CD. eſt de 180 toiſes: Ie trouue pareillement que l'angle CDE. eſt de 124. & la ligne DE. de 100. que l'angle DEA. eſt de cent, & la ligne EA. de 420.

Voſtre memoire eſtant chargée de toutes ces meſures, retirez-vous, & à loiſir, faites vne échele d'autant de parties proportiõnelles au moins, que contient de toiſes la plus longüe des lignes que vous aurez en vôtre memoire, & ſur le papier que vous aurez preparé, tirez vne ligne qui aye autant de petites parties que vous auez trouué qu'en auoit A B. Faites en ce même point A. vn angle égal à voſtre premier angle BA E. & pourſuiuez de la ſorte, iuſques à ce que veniez rencontrer le point A. auquel vous auiez commencé, & voilà voſtre plan fait.

Que ſi vos lignes ne ſe rencontrēt iuſtement en vn même point, ne vous en eſtonnez pas: car il n'eſt pas poſſible que l'operatiō ſuiue la iuſteſſe de la ſcience. Vne même ligne, ou vn meſme angle, meſuré par diuerſes perſonnes, ou par la meſme, à diuerſes fois, ſe trouuera rarement égal à ſoy-meſme: & partant contentez-vous d'operer le plus iuſtement que vous pourrez: du reſte, aidez à la lettre,& ioignez vos lignes le plus raiſonnablement que vous pourrez, gagnant quelque peu ſur chaque angle ou ligne.

CHAPITRE XXII.

Moyen pour connoiſtre de combien on a manqué en leuant vn plan.

ADiouſtez en vne ſomme, la valeur de tous les angles marquez en voſtre memoire, comme s'enſuit de l'operation precedente, de la planche D. 21.

90 Secondement, puiſque
106 tous les angles de vôtre fi-
120 gures ſont ſaillans, prenez
124 autant de fois, deux fois
100 90. que vous auez d'angles,
540 c'eſt à dire, ayant en noſtre
exemple, cinq angles, prenez dix fois 90. qui ſont 900.

Troiſiémement, de ce produit oſtez-en quatre angles droits, c'eſt à dire, 360. degrez : Si ce nombre deduit de neuf cens, la ſomme qui reſte ſe trouue égale au produit de tous les angles mis en vn, l'operation a eſté iuſte : ſi moins, la difference de l'vn à l'autre, marque la faute qui s'y eſt faite. Reſtant donc icy, tant de l'vn que de l'autre, 540. tout va bien.

Que s'il y a quelque angle rentrant, il faut oſter ſa valeur du nombre de 180. adiouſter ſon complement aux angles, & operer comme deuant, & au lieu de deux lignes qui compoſent l'angle rentrant, n'en receuoir qu'vne.

La preuue de tout cecy ſe tire du ſcholie que nous auons mis en la 32. propoſition du premier des Elemens de noſtre Euclide.

Quelques-vns pour prendre les

angles, se seruent d'vne boussole, qui porte vn cercle diuisé: mais i'estime que cette façon est tres-fautiue, à cause d'vne infinité d'accidens qui arrriuent à l'aiguille aimantée qui y est.

Que si dans la place, il se trouue quelque piece ronde, il en faudra trouuer le centre par trois points donnez, deux desquels seront les extremitez des lignes droites voisines, & le troisiéme sera pris à discretion dans la circonferance.

CHAPITRE XXIII.

Comment il faut transporter vn plan, & le tracer sur le terrain.

VN plan vous estant mis en main pour l'executer, & le tracer sur le terrain: Premierement, vous connoistrez la quantité de toutes les ligues,& de tous les angles, celle des lignes par le calcul Geometrique, si vous en sçauez l'art, ou par le rapport que vous en ferez sur l'échele du plan; celle des angles par le mesme calcul, ou bien par l'explication ou rapport que vous en ferez sur vn demy-cercle de corne, d'airain, ou autre matiere exactement diuisé en 180. degrez.

Secondement, vous preparerez quãtité de piquets de bois, vne chainette de fer, ou autre mesure certaine, vne boussole, vn graphometre, & principalement vn recipiangle ou faux equerre, qui aye dix ou 12. pieds de rayon, qui puisse s'ouurir à tel angle qu'il vous plaira, ou tel autre instrument propre à mesurer vn angle.

Trosiémement, ayez chez vous vn cordeau ou vne chaisnette, pour prendre la longueur de toutes les lignes prescriptes dans le plan: & à chaque angle, faites vn nœud, & attachez-y vn étiquette de parchemin, qui porte le nom de la quantité de l'angle; & de plus, à l'extremité des deux cordeaux vous y en adiousterez vn troisiéme de la longueur de la base du triangle, qui soustient l'angle que vous voulez tracer.

4. Chaque triangle estant disposé de la sorte sur vn cordeau, & le tout bien côcerté auec deux ou trois qui vous assisteront, transportez-vous au lieu destiné, & apres auoir pris auec vne boussole la situation de l'angle, que trois personnes en mesme temps estendent le triangle de corde, & le roidissent tant qu'ils pourront, du commencement par le milieu de la corde, si les costez sont trop longs, puis par les extremitez:

ce triangle eſtant tendu & roidy, vous appliquerez derechef aux angles voſtre recipiangle, ou graphometre, ouuert d'autant de degrez qu'en porte l'étiquette, & auec la chaiſnette ou toiſe, meſurerez chaque coſté, & verrez s'ils ont les longueurs demandées, & ſi l'angle eſt tel qu'il doit eſtre.

Tout cela ſe trouuant bien, plantez des piquets tout le long de ces cordeaux, ou y faites vn ſillon auec vne charruë, qui eſt le plus court, & le plus vſité; Cette même pratique ſeruira pour les foſſez, dehors, fortins, redoutes, tranchées, ou tels trauaux, qu'on voudra faire, n'y ayant aucune figure rectiligne qui ne puiſſe ſe reſoudre en triangle: & quiconque peut tracer vn angle donné, & vne ligne d'vne certaine longueur, peut faire ſur terre tout tel trauail qu'on luy voudra preſcrire. Ce que ie dis qu'il faut faire auec vn cordeau, ſe peut faire auſſi sãs cordeau, traçant l'angle auec vn recipiangle, ou tel inſtrument qu'on voudra, & les lignes par des rayons de veuë, guidez par des pinules, ou bien auec vne bouſſole, & mille autres façons: mais la plus iuſte & la plus prompte eſt celle du cordeau.

CHAPITRE XXIV.

Des figures irregulieres.

POur fortifier vne place irreguliere, c'eſt à dire, qui a les angles & les coſtez inégaux, il faut auant toutes choſes, en tirer le plã au iuſte.

2. Reconnoiſtre parfaitement la qualité de l'aſſiete, tant du lieu propre, que de ceux qui ſont à l'entour, tels que ſont des eminences des ma-

rets, des terres labourables, bastimens, & choses semblables.

3. Le temps qu'il y a pour mettre à chef vn tel ouurage.

4. Le monde qu'il y a pour deffendre tels ouurages.

5. La dépence qu'on y peut faire, & le monde que vous auez pour y trauailler.

Si on est grandement pressé, il faut faire vn bon chemin couuert, qui se flanque parfaitement, & qui ne puisse estre enfilé, ou même deux si on peut, l'vn deuant l'autre, auec quelques pallissades. Il n'y a aucun ouurage qui soit si promptement fait, ny qui fasse plus de dommage à l'ennemy, pourueu qu'il y aye dans la place, vn bon nombre de gens de cœur, pour les border & deffendre.

S'il y a plus de temps, il faut creuser les fossez, & de la terre en faire des parapets de iuste épaisseur, des demies-lunes, rauelins, cornes; & semblables ouurages, ne laissant aucun lieu de la place, qui ne soit flanqué & couuert.

Si on a le temps & toutes choses à souhait, on sçaura le contour de la place, qu'on diuisera par 120. 150. ou 180. ou par tel autre nombre de pas qu'on voudra qu'vn bastion soit distant de l'autre, prenant bien garde à les poser en lieux conuenables, à se seruir le plus qu'ō pourra des vieilles murailles, pour éuiter les dépences qui ne sont necessaires; à se seruir des endroits auantageux, & esquiuer ceux qui sont nuisibles Et finalement, à ne s'écarter iamais des principes generaux de la fortification.

Et dautant que tout lieu qu'on vous peut proposer pour fortifier, est composé, ou d'vne ligne droite ou courbe, ou mélée, connoissez exactement la grandeur de chaque angle,& de chaque ligne, & vous seruez des auis suiuans.

Si la ligne proposée n'est que de 25. à 30. pas, ou enuiron, il faudra employer tout cet espace pour faire vne demie-gorge,& prendre l'autre sur la ligne voisine selon le besoin qu'on en aura.

Sur vne face de 50. à 60. pas, on fera vne gorge entiere.

Sur vne de 80. ou cent pas, on prendra les gorges entieres sur les faces suiuantes, comme i'ay fait en D.21.d. e.

Sur vne face qui seroit de 50. à 60. pas, ou mesme de cent pas, plus qu'vne iuste ligne de deffence, on auisera, si prenant la gorge entiere des bastions qui seroient aux extremitez, cela ſuffiroit. Voyez ce que i'ay fait en D. 21. D. c.

Si elle eſt de trois ou 400. pas, on fera vn rauelin au milieu D.21.m.m. ſi elle eſt de 500. ou plus, on en fera deux, ou tant qu'il ſera beſoin, afin que les lignes de deffence ſoient de iuſte longueur.

Sur vn angle obtus, ou approchāt de 120. degrez, vous ferez vn baſtion comme à l'exagone D. 21.c. ſur des angles égaux à celuy du carré du pentagone, ou eptagone, ou autre, on les fortifiera, ſuiuant les regles de telles figures. A. E.

Que ſi les faces ne permettent qu'on les fortifie à la Françoiſe, ſeruez-vous des pratiques Italiennes ou Hollandoiſes, & diminuez l'angle flanqué, à tel ſi que iamais il ne ſoit moindre de 60. degrez, ny les flancs & la gorge de 18. à 20. pas chacun.

cun. Es triangles, ou bien ſur vn angle moindre de 60. il eſt à propos de le retirer, & y faire vne tenaille dans les faces. Voyez D. 17.

Dans vn angle rentrant, pourueu que les coſtez n'excedent la portée du mouſquet, on fera vne tenaille dans l'angle, & deux demis-baſtions en l'extremité des faces : Si les faces excedent la portée du mouſquet, on fera les plates-formes dans l'angle, & on les fera auancer tant qu'il ſuffira, afin que le reſte de la face ſoit à la portée du mouſquet.

Si la plate-forme ne ſuffit, on fera des redans dans les faces qui en auront beſoin, ou bien on enfermera dans la place, l'encogneure, par le moyen d'vne ligne droite qu'on fortifiera.

Si la place eſt commandée, on fera vn double parapet, ou bien des trauerſes, afin de couurir les Soldats, & empeſcher que les lieux commandez ne ſoient enfilez.

On pourra auſſi eſcarper à plomb le commandement, & baſtir proche de là, quelque fortification.

CHAPITRE XXV.

Des places baſties en triangle.

DE toutes figures qu'on peut bailler à vne place, la pire eſt la triangulaire; parce que la pointe des baſtions en eſt tres-foible; parce qu'elles couſtent beaucoup : & parce qu'elles ſont moins capables qu'aucune autre de pareil contour; & partant il ne s'en faut ſeruir que lors qu'il ſe trouue quelque rocher, quelque Iſle, ou autre lieu fort auantageux, qui ne peut receuoir autre fortification.

Il faut toutesfois bien distinguer entre vne place triangulaire, & vne place qui ne peut admettre que 3. bastions; i'ay mis dans nos plans, quantité de places d'vne & d'autre façon, qui sont tenuës pour des meilleures de l'Europe, quoy qu'elles ayent cette figure: telles que sont Gomorre en Hongrie, C. 1. L'vn des Dardanelles ou Chasteaux qui sont au destroit de l'Hellespont, auant qu'arriuer à Constantinople, A. 3. Le Sas de Gand, B. 1. Breda en Hollande, B. 2. & Clermont en Lorraine, C. 2.

Ils ne sont nulle part plus commodes, qu'à l'entrée d'vn Havre. Le mole de Ligourne est de cette nature. C. 3.

Voicy les meilleures methodes qu'on peut tenir pour les fortifier.

Si les triangles se trouuent sur

quelque rocher eſtroit, qui ſoit fort d'aſſiete, il faut vſer de retraite, amoindriſſant les angles d'vn quart, afin de faire au milieu des eſperons qui flanquent les pointes, comme vous voyez en la planche D. 16. nõbre 1. Et faudra pour lors eſcarper le plus droit qu'on pourra, tout ce qui n'eſt occupé ou commandé de la fortification.

2. Faites au milieu des coſtez du triangle des baſtions à angle droit, donnant 15. pas, ſi vous pouuez aux demies-gorges, & autant aux flancs, comme i'ay fait en la meſme planche, au nombre 2.

3. Si le coſté du triangle donné, n'eſt plus long de 150. pas, diuiſez-le en 5. ou 6. & en donnez vne partie à la demie-gorge, vne demie au flãc, & pour auoir les faces, commencez la ligne de deffence à la naiſſance

du flanc opposé, & posant la regle de D. en E. tirez la face EC. comme vous voyez en la 3. figure.

4. Diuisez l'vn des costez AA. en cinq parties, l'vne sera la demie-gorge AD. le flanc DC. en aura autant, la ligne de deffence EF. commencera à deux parties F. loin du flanc D. & se tirera par l'extremité du flanc C. iusques au rencontre de l'autre costé, prolongé en E. comme il se void en la figure 4.

5. Diuisez chaque costé AA. en 8. parties, donnez en deux à la demie-gorge AB. & vne au flanc BC. Tirez vne ligne infinie CAG. par les extremitez du flanc C. & du triangle A. Diuisez la courtine BB. en trois, & du tiers D. par l'extremité du flãc C. tirez la ligne de deffence iusques au rencontre de la ligne CAG.

De plus, tirez d'vne moitié de gorge E. iuſques à l'autre, vne petite courtine EE. & y éleuez à plomb les deux flancs EF. auſquels vous ferez des orillons, ſi vous iugez à propos.

6. Si le triangle eſt obtus, on prendra 25. pas pour les demies-gorges, & autant pour les flancs, ſur l'angle obtus on fera vn baſtion, & ſur les deux aigus deux demis, & la deffence ne commencera que des flãcs; ſur le milieu de l'autre coſté on fera vn rauelin rectangle de 25. pas de flanc, & de demie-gorge. Voyez la figure 6.

CHAPITRE XXVI.

Des forts de campagne.

ON les fait d'ordinaire quarrez. Ceux qui n'ont aucuns flancs ſe nommẽt redoutes. Voyez D. 20. 3. 4. On fait auancer vn de leurs angles vers la campagne, & prennent leur feu des lignes qu'elles flanquēt. A celles qui se font dans les approches d'vne tranchée, on ne donne que de 8. à 12 toises de face; mais celles qui se font dans les lignes de circonualation, ou même deuant les lignes, sont plus grandes, & on leur baille par fois de 15. à 30. toises de costé, auec vn fossé large de 10. à 24. pieds, creux de sept à dix pieds.

Les pointes ou esperons sont demies redoutes, desquelles on se sert de present plus souuent que d'entieres, dautant que l'ennemy en ayāt gaigné vne entiere, il en tire vn grand auantage, & est difficile de l'en chasser, comme les Suisses l'experimenterent au siege d'Arras.

Les autres qui sont plus capables, & ausquels on donne depuis 30. iusques à cent toises de costé, se flanquent, ou tout à fait d'eux-mesmes auec des flancs de 10. à 18. pas, quand ils sont grands, ou bien se flanquent tout à fait des lignes de circonuallation, ou en partie des lignes, & en partie d'eux-mêmes, selõ qu'on preuoit l'endroit par lequel l'ennemy le peut attaquer, ou pour quelques riuieres ou marets qui les mettent en asseurance de quelque costé; le plus petit que i'ay veu, estoit à Hesdin, vn pentagone de 28. toises de costé: les communs quarrez estoient de 35. à 40. toises, & le plus grand qui estoit le Fort d'Orleans, auoit 90. toises; I'ay tracé és planches D. 18. & 19. tous ceux que i'ay veus en diuers sieges.

Pour les tracer, faites vn carré, diuisez chaque face en trois ou quatre parties égales: Si vous desirez faire vne tenaille entiere, prolongez les deux costez d'vne tierce, dressez les flancs sur le premier tiers, & prenez le feu du second tiers.

Si vous faites quelque pointe sur vne face, elle sera au milieu, occupera le tiers de tout le costé prolongé, & aura en sa pointe vn angle droit: si vous y faites deux bastions, donnez-leur vn sixiéme pour la demie-gorge, autant de flanc, & qu'ils prennent leur feu de la naissance du flanc opposé.

Pour les forts qui se font en étoile, à 4. 5. ou six pointes, ayez égard que chaque angle des pointes aye 60. degrez.

TRAITE' DES FORTIFICATIONS.

LIVRE SECOND.

CHAPITRE I.

Comme il faut se couurir.

AYANT expliqué tout ce qui est de la premiere Partie des Fortifications, qui consiste à se bien flanquer; il faut maintenant traiter de la seconde, qui enseigne comme il se faut bien couurir, & opposer à l'ennemy, vn corps qui puisse resister à la violence de ses armes.

Les corps dont on ſe couure, ſont: terre, bois, brique & pierre, de certaines, hauteurs, épaiſſeurs & diſpoſitions, deſquelles nous parlerons és Chapitres ſuiuans.

Les armes auec leſquels on ſe fait ouuerture dans vne place, ſont: le mouſquet, le canon, le petard, & la mine.

Il y a en France ſix ſortes de calibre; ſçauoir, canon, couleurine, baſtarde, moyenne, faucon, fauconneau. Le canon de France a de longueur, dix pieds de metail, ſon affuſt, 14. tout monté 19. L'eſſieu eſt large de 7. pieds. Pour manier deux pieces de canon, il faut ſix toiſes, ou ſept pas Geometriques en carré. Le boulet a enuiron demy pied de diametre, peſe 33. liures, & faut 20. liures de poudre pour le charger; ſa portée de point en blanc eſt d'enuiron 350. toiſes, ou 800. cens pas communs: & augmente ſa portée à proportion qu'on en éleue la bouche, iuſques à quarante-cinq degrez. Tiré de cent toiſes, il perce dix à douze pieds de terre ſerrée, 15. ou 17. de terre vn peu raſſiſe. Vingt-deux ou 24. de ſable en terre maigre, & peut abbatre vingt ou trente hottes de terre; On peut tirer en vn iour, 60. ou 80. coups, ou au plus cent. Cela ſuffit pour le ſuiet que ie traite: Si vous en deſirez vne connoiſſance entiere, voyez le troiſiéme Liure de mon Hydrographie.

La portée du mouſquet eſt d'enuiron 120. toiſes, ou 150. s'il eſt renforcé. Bien qu'il tuë vn homme de plus de trois cens pas Geometriques; tiré de prés, il perce deux planches de deux doigts d'épaiſſeur chacune: tiré de cinquante pas, il perce dix-ſept mains de papier: & n'y a aucune bale de laine, qu'il ne trauerſe.

Vn petard, s'il eſt petit, ne rompra pas vne porte double bien barrée; vn grand petard agiſſant contre vne porte foible, ne fait qu'vn trou: le trop grand effort rompant par ſa viteſſe, l'vnion des parties oppoſées, ſans que les voiſines en ſouffrent.

Rien ne peut reſiſter aux mines & fourneaux qu'on fait en ce temps: Il eſt toutesfois neceſſaire, tant au petard qu'en vne mine, qu'il ſe trouue vne certaine proportion, entre l'action violente de la poudre, & les corps ſur leſquels elle doit agir.

Tout cela ainſi declaré ſommairement, il nous faut de preſent traiter du profil, & donner vne table qui nous enſeigne en peu de mots, les épaiſſeurs, hauteurs, & proportions, que l'experience a fait connoiſtre qu'il faut qu'aye chaque partie d'vne fortification, afin d'auoir tous les auantages que l'art luy peut fournir, pour mieux reſiſter aux armes des aſſiegeans.

CHAPITRE II.

Du profil d'vne place.

PRofil, eſt vne ſection ou couppe perpendiculaire ſur l'horizon, qui nous repreſente toutes les largeurs d'vne place.

De cette diffinition s'enſuit, qu'il nous donne auſſi toutes les hauteurs & les talus; car puiſque toutes les hauteurs ſe baſtiſſent, pour la pluſpart en talus ou glacis, dont les espaisseurs sont toutes differentes, il n'est pas possible de representer toutes les largeurs, sans en donner les hauteurs & talus.

CHAPITRE III.

Table du profil d'vne place Royale.

Petit foſſé plein d'eau	large de dix à douze pieds, creux de ſept à huit. Voyez la planche E. 1. figure 2. a.c.
Eſplanade	large de dix à vingt pas, haut de ſix à neuf pieds. C. E.
Palliſſade	éloignée de 3. pieds, haut de cinq. d. l.
Corridor	large de vingt à 24. pieds. E. G.
Banquette	large de trois pieds, haute de pied & demy. D. E. F.

Foſſé

Fossé	large de quinze à 25. pas, creux de 15. à 25. pieds. GHGM.
Talu de terre non remuée.	Deux tiers de la hauteur. G. M. O.
Muraille	haute iusques au niueau, du plus haut de l'esplanade: large de 8. à 12. pieds, outre son talu & ses Arboutans. E. I. figure 1. 1. m.
Talu de la muraille	deux cinquiémes de la hauteur. 1. f. h.
Parapet des rondes.	Haut de quatre pieds, & large de deux. 1. l.

Chemin des rondes	large de 6. à dix pieds, M. & en cas qu'on y faſſe vne fauſſe-braye, ſon parapet ſera haut de ſix pieds, large de 20. & l'eſpace de derriere ſera de quarante-cinq à 60. pieds. E. 4. E. F. G.
Rampar	large de quinze à 25. pas, haut de 15. à vingt-cinq pieds. e. 5.
Talu de gazons.	Deux tiers de ſa hauteurs. m. n. r.
Berme	Trois pieds. figure 2.5.

Parapet du rampar.	Haut de trois pieds en dehors, & de six en dedans, y comprise la bãquette auec vn pied de talu en dedans : large de 23. figur. 2. x. y. z.
Embrazures.	Sont hautes de deux pieds, sont ouuertes en dehors de sept pieds, en dedans de 3. au plus estroit, d'vn pied & demy: Et ce plus estroit est trois pieds auant. E. 2. 3. c. c. 4.
Le talu interieur du rampar.	A la diagonale de son carré, s'il est de terre, E. I. figur. 2. T. V. B.

CHAPITRE IV.

Pratique.

FAites vne échele de quarante-cinq ou 50. pas, de telle lõgueur, que les pieds y soient sensibles, & que les cinq derniers y soient marquez. Voyez la planche E. 1.

Tirez puis apres pour base de vôtre profil, vne ligne horizontale, nommée communement, ligne de terre, qui vous represente le niueau de la campagne, telle qu'est AB. puis prenez en main la table precedente, où sont les hauteurs, largeurs, & proportions, que l'experience a fait connoistre, & passer pour iustes & raisonnables, & vous tenant dans les termes des mesures qui y sont marquées, prenez sur l'échele, par exemple, dix pieds, & les portez du point A. en C. pour le fossé plein d'eau: puis dix pas pour vostre esplanade, & les transportez de C. en E. puis 12. pieds de E. en G. pour le corridor, & de E. en D. vous marquerez trois pieds pour la pallissade, & semblablement trois autres de E. en F. pour la banquette: vous baillerez par apres 15. pas au fossé, que vous poserez de G. en H. puis 8. pieds pour la muraille de H. en I. sur deux desquels s'éleuera le parapet des rondes, & les 6. autres seruiront pour le chemin des rondes. Et finalement 15. pour le rampar, du point I. en B.

Cela estant partagé de la sorte, tirez sur les points A. C. D. E. F. G. H. I. B. des lignes blanches qui croisent à plomb, la base AB. Ce sera sur ces lignes que vous mettrez les hauteurs & profondeurs de chaque partie comme s'ensuit.

Donnez au petit fossé plein d'eau sept pieds de creux, auec vn talu de deux tiers de sa hauteur: baillez six pieds de haut à l'esplanade du point E. iusques à K. & tirez la ligne KC. Es 4. toises suiuantes EG. appartenantes au corridor ou chemin couuert, faites la banquette EF. longue de trois pieds, haute de pied & demy: & semblablement à trois pieds de K. sur l'esplanade, vous dresserez la pallissade L. haute de cinq pieds: suiura le fossé GH. large de 15. pas, & creux de 15. pieds GMHN. auquel vous donnerez de talu MO. c'est à dire les deux tiers de la hauteur MG. & NP. qui aura deux cinquiémes de la hauteur de la muraille: OP. estant tirée vous representera le fonds du fossé: Si vous y voulez vne cuuette au milieu, donnez-luy deux toiſes de large, & autant de creux comme vous voyez en Q. Des huit pieds HI. que vous auez deſtiné pour l'épaiſſeur de la muraille, vous en baillerez deux HR. pour le parapet, qui ſera haut de quatre pieds & demy, au deſſus de l'eſplanade: & les ſix RI. ſeront pour le chemin des rondes: Si au lieu de ce chemin, vous y voulez faire vne fauſſe-braye de dix toiſes, vous en donnerez quatre pour loger le canon, quatre au parapet, & deux de berme: Pour le rampar, donnez-luy 15. pieds de hauteur, & tracez de cet interuale la ligne ST. parallele à la ligne horizontale, donnez-luy ſemblablement 8. pas de talu, du coſté de la ville TV. & deux en dehors, s'il eſt gazoné, ou trois, ſi ce n'eſt que terre remuée.

Cela fait, laiſſez ſix pieds de berme, depuis S. iuſques en X. & dreſsez le parapet XY. large de 23 pieds, haut de six pieds en dedans, & de trois en dehors, & y faites vne banquette, large de quatre pieds, & haute de pied & demy.

CHAPITRE V.

Comment il faut representer les corps éleuez d'vne fortification.

I'Approuue grandement ceux qui tiennent, que lors qu'il faut representer les corps éleuez d'vne place, il ne faut point se seruir des regles de perspectiue, qui se conduisent par vne distance moyenne, vn point principal, deux tiers de points, & par les points accidentaux qui s'y rencontrent.

Mais qu'il faut que l'œil qui est du costé de la ligne horizontale, en soit infiniment distãt, & biẽ plus haut éleué qu'elle, afin que l'Orthographie ne change en rien le plan Geometral, & qu'on puiſſe touſiours en meſurer telle partie qu'on voudra.

De plus, cette façon eſt incomparablement plus facile à entendre, & repeſente ſeule au iuſte, les meſures de toutes les parties.

CHAPITRE VI.

Pratique.

VOus eſtant donné le plan Geometral AAAAA. de la planche D. 20. & le profil du méme lieu, l'éleuation duquel on deſire faire paroiſtre: arreſtez de quel coſté que vous voulez que l'éleuation vous repreſente la meſure des parties au iuſte, & du même coſté: ſuppoſez vne ligne horizõtale, par exẽple GH.

2. Tirez de tous les angles A. du plan Geometral, des lignes perpendiculaires AB. AC. AD. AE. AF.

3. Sur ces lignes appliquez la hauteur que marque vostre profil, dessus ou dessous ledit plan Geometral, qui marque la surface de la terre.

4. Conioignez l'extremité de ces lignes perpendiculaires auec des lignes paralleles CD. DE. EF. FB. BC. chacune à chaque costé dudit plan, au lieu où elles sont conioïntes dans la place.

5. Ayez égard à ne marquer & faire que les lignes qui peuuent estre veuës de l'œil que vous supposez étre du costé de la ligne horizontale, infiniment distante de l'obiet, & supprimez celles qui ne peuuent étre veuës, comme vous voyez en B C. PF.

6. Les talus se representent par

des lignes penchantes autant qu'est le talu qu'elles monstrent, depuis la hauteur de l'vn & de l'autre terme, comme vous voyez que nous auons pratiqué en la mesme planche. Fig. 2.

Que si vous desirez la representer autrement: de toutes les façons differentes, voicy celle que ie prise le plus, & dont ie me suis seruy en la seconde planche D. 20. nombre 5. Supposez que l'œil est éleué en l'air, droit au dessus du centre de la place, & qu'en mesme temps il considere d'vn seul regard toute la place, pour la coucher sur le papier, & la representer telle qu'elle vous paroistroit de ce lieu. Ayant décrit vostre plan Geometral, supposez qu'en A. centre de la place, est abbaissé vôtre œil, & de tous les angles, par exemple de B. & C. & ainsi des autres, on a tiré des lignes sur lesquelles on pose les hauteurs de toutes les pieces : les ombrages y étans mis à propos, vous verrez parfaitement toute la place. Ie n'ay representé en cette planche que la moitié d'vn carré, bien qu'il soit bien plus agreable quand il y est tout entier. Car mettant à terre vne place décrite de la façon, si vous tenant leué, vous posez vostre œil droit dessus A. Il vous semblera voir effectiuement vne place toute complete. I'ay en cette figure dans le plan Geometral, fait le fossé notablement plus large qu'il ne doit étre, mais ç'a esté afin qu'on en vît mieux l'éleuation.

CHAPITRE VII.

Des ombrages qu'on peut adiouster auec la plume, pour representer naïuement vne fortification.

LEs lignes ne nous donnans que les extremitez des surfaces, ne peuuent nous representer si naïuement le relief entier d'vn corps, sans l'assistance de la clarté & des ombres; pour cet effet ie cotteray icy quelques auis qui pourront vous donner quelque facilité à representer vn corps, à peu pres tel qu'il vous paroist.

1. Supposez que la clarté du Soleil vous vient tousiours d'enhaut, & qu'illuminant vn corps, elle iette ses rayons partout, si quelque corps ne l'empesche, arrestant ses rayons, ou

tout à fait, ou en partie, & que c'est cette priuation de lumiere que nous appellons ombre.

2. Que dardant ses rayons obliquement de droit en gauche, ou de gauche en droit, quelques surfaces se trouuent plus éclairées les vnes que les autres, & semblablement les vnes plus reculées noires & auancées dans l'ombre, que les autres.

Cela posé, les Graueurs & Peintres pour representer cette diuersité, tant de lumiere, que d'ombre, se seruent de lignes & de points, qu'ils mélent en quatre façons differentes, selon que les surfaces sont plus ou moins dans l'ombre.

Le sommet des choses qui sont en plein Soleil, se marque par eux en blanc. D.20. a. a. a. a. a.

Des surfaces qui sont veuës du Soleil, à celles qui y sont les plus inclinées, ils ne donnent pour diminution de clarté que des points, desquels ils ſement telle ſurface, comme vous voyez en la planche D.20. nombre 1. ſurface e. f.

A celles qui fuyent vn peu plus la clarté, ils les ombragent ſimplement des lignes, comme vous voyez en la ſurface B. c.

A celles qui refuyent dauantage, ils adiouſtent aux ſimples lignes des points.

Celles qui ſont directement oppoſées à l'œil, ils les ombragent auec des contre-lignes.

Or n'y ayant que cela qui puiſſe eſtre frappé du Soleil pour faire le tour, & entrer de plus en plus dans l'ombre, ils obſcurſiſſent la premiere ſurface de contre-lignes, ſemées de points, & finalement les plus éloignées, par quatre ou cinq lignes.

C'eſt de cette pratique dont ie me ſuis ſeruy en la pluſpart de mes figures.

Dans le pentagone de la planche, vous y en remarquerez 5. ou 6. differentes. Car le plan Geometral A. étant illuminé, y eſt demeuré en ſon naturel, la face EF. qui auoiſine le Soleil de plus prés, y eſt ponctué.

L'interieure BC. qui en eſt vn peu plus éloignée, eſt ombragé de ſimples lignes. Celle de BF. eſt ombragée de contre-lignes. CD. eſt haché de triples lignes & de points, où finalement l'ombre entiere ſe contre-hache & ſeme de points.

Cela ſuffit pour les ſurfaces perpendiculaires à l'horizõ : mais pour celles qui portent talu, puiſque le declin des hauteurs dudit talu, nous en reiette le pied plus vers la lumiere, commençant voſtre ombrage en haut

haut selon la pratique precedente, éclaircissez-le peu à peu en deuallant, afin que le pied se trouue reduit en clarté.

REFLEXIONS SVR CHACVNE des parties d'vne fortification.

CHAPITRE VIII.

Des murailles.

1. POur soustenir vn siege, vne place de terre vaut mieux qu'vne reuestuë de muraille, puisque les murailles resistent moins au canon, & aux mines que la terre, & les esclats incommodent fort ceux qui la deffendent, comblent dauantage, & plus promptement le fossé, coustent beaucoup, & faut vn long-temps pour les bastir.

2. On reuest de murailles vne place

pour durer long-temps, pour empeſcher que la pluye, les vers, & autres accidens ne facent ébouler le terrain : & parce que n'ayant beſoin d'vn ſi grand talu, vne place n'en eſt pas ſi facilement ſurpriſe.

3. Il eſt mieux d'éleuer le rampar, auant que baſtir la muraille, puis que c'eſt du foſſé qu'il faut prendre la terre du rampar, & que d'ordinaire ſi la terre n'a pris ſon aſſiete, & ne s'affermit à loiſir deux ou trois années és premieres pluyes, le rampar ſe rempliſſant d'eau, renuerſera la muraille.

4. Vne terre graſſe & ferme n'a beſoin d'vne muraille ſi épaiſſe que de la terre maigre & coulante. Quelques-vns ſe contentent de bailler à la muraille en bas pour ſa largeur, le tiers de ſa hauteur, qui ſe determine d'ordinaire par le niueau du

haut de l'esplanade.

5. Vn talu trop petit ne soustient suffisamment la muraille & la terre: vn trop grand amoindrit le fossé, & incommode les flãcs couuerts. Dãs vn mur, le talu est tenu pour raisonnable, quand il y a deux cinquiémes de la hauteur. Voyez-en la planche E. 6. Le triangle ABC. bien que la muraille demeurant à plomb par dedans, elle diminuë en dehors d'vn pied de large, sur neuf de hauteur.

6. La brique est preferable à la pierre, & entre les pierres, les plus douces sont les meilleures, & les plus seches. Pour ce suiet il n'est à propos d'employer la pierre que deux ans apres qu'elle est tirée de la carriere, pour luy donner loisir de secher, auant que la charger, & l'accoutumer aux iniures de l'air. Es lieux où il y a quantité de bois, on

fait vne couche d'arbres, puis vne de terre, bien battuë, & ainsi consecutiuement. Voyez G. 2. d. c. Tels murs ne peuuent estre ruinez du canon, ny endommagez du feu. Dix ne coustent pas tant qu'vn de pierre, on fera plustost dix bastions de bois, [illegible] vn de pierre, & on ruinera plustost dix bastions de pierre qu'vn de bois ainsi disposé.

7. Si on fait le corps de la muraille auec des voûtes & arceaux, qui prénent les vns par dessus les autres, & que les superieurs en couurent deux de ceux qui sont dessous, comme vous voyez en la planche, G. 5. n. 5. il sera de beaucoup plus difficile d'y faire breche, & combler le fossé à coups de canon.

8. Derriere la muraille on fait des éperons ou contre-fors, qui s'auancent le plus qu'on peut dans le ter-

rain:ils sont épais de 4. à 5. pieds, & distant les vns des autres de 15. à 20. pieds. Ils se font en plusieurs façons differentes, que vous pouuez voir en la planche G. 8.

Les meilleurs seroiët, si on les faisoit comme vn demie tour, & qu'on la remplist de bõne terre biẽ serrée.

9. Quelques-vns ne veulent point de cordon, dautant qu'il sert de mire aux assiegeans pour ruiner les parapets. E. 5. a.

10. Le parapet de brique qu'on fait haut de quatre pieds, & large de 2. ne sert que de peur que la ronde ne tombe de nuit dans le fossé. Voyez la figure. E. 5. x. 4.

CHAPITRE IX.

Des fondemens.

TOute place, reuestuë ou non, qu'on veut éleuer, si le sol n'en est parfaitement ferme, a besoin de fondemens, esquels toute faute qui s'y fait, est irreparable.

2. Si le terrain n'est assez gras, on creuse les fondemens de cinq à six pieds, & on les pilote auec des pieces de chesne, chastagner, aulne, &c. distantes les vnes des autres de 5. à six pouces, qu'on enfonce le plus qu'on peut: Puis en ayant retiré enuiron vn demy pied de terre, on réplit tout cet espace de pierres, qu'on fait entrer entre les testes de telles pieces de bois. Voyez la plãche G. 1.

Si le sol est sablonneux, on creuse de huit pieds les fondemens, & au lieu des pilotis, on les paue de fortes planches de bois. G. 2.

Si le lieu est marescageux, on pilote auec de la charpente, qui a des puissantes liaisons, comme vous voyez en la figure G. 5. n. 2. & 3 Et on pose entre-deux & dessus, des fascines remplies de terre & de brique, puis on éleue ce fondement iusques au plan du fossé, où on fait vne retraite de deux ou trois pieds. G. 1. b. Sa largeur dépend de la hauteur de la muraille, on leur baille souuent le tiers de cette hauteur. Il s'en trouue peu ausquels on baille plus de quinze pieds pour vne muraille.

Quelques-vns, de peur que les pilotis se pourrissent, en brûlent les extremitez, & les esteignent dans de l'huile ou de la resine.

CHAPITRE X.

Des rampars.

1. LA hauteur de quinze à vingt-cinq pieds par dessus le niueau de la campagne, suffit à vn rampar,

ſoit pour couurir les maiſons de la place, ſoit pour commander ſur le trauail de l'ennemy ; Si en quelque lieu on a beſoin d'vne hauteur plus grande, il y faut faire vn Caualier, ſans éleuer dauantage le rampar, autrement il ne commandera, ny le chemin couuert, ny le foſſé, mais couurira l'ennemy.

2. L'épaiſſeur de vingt à 30. pas par en bas, reuenant à dix-ſept ou vingt-cinq pas en haut, eſt plus que ſuffiſante pour reſiſter au canon, pour y ranger de l'Infanterie & du canon, pour y faire des retranchemens, & pour receuoir toute la terre qu'on tire des foſſez.

La baſe du rampar qui a moins de quarante-cinq pieds, eſt cenſée trop eſtroite.

3. Le temps propre à l'éleuer, eſt l'Eſté, lors que la terre eſt ſeche, &

qu'on peut la ranger comme l'on veut.

4. La meilleure terre est l'argile grise, puis la marescageuse, dautant que par leur gresse & leur humeur, elles resistent mieux qu'aucune autre, à la chaleur & aux pluyes, se liét parfaitement, se soustiennent auec peu de talu, produisent beaucoup d'herbe, qui sert grandement, & ne nuit point, pourueu qu'on soit soigneux de la coupper. La terre sablõneuse s'écoulant facilement, n'est propre à vne fortification, si on n'y méle de bonne terre, & faut de plus, la reuestir de fortes murailles

La terre graueleuse n'a pas plus de liaison, & ne vaut du tout rien aux ouurages éleuez, qui peuuent estre atteints du canon.

5. Vn sol qui est mol, ou de terre qui a esté remuée, a besoin de fonde-

mens.

6. Le talu de gazons, ou de bonne terre non remuée, est la moitié de la hauteur. A de la terre remuée, on baille la hauteur toute entiere.

7. Vn bon gazon doit auoir 6. pouces de large, quinze de long, & 5. de haut, reuenant à vn en son extremité. Voyez G. 2.

8. A chaque pied de terre que le rampar se haussera, en même temps par tout, il faut mettre des branches fleuries de saule, qui ne soient plus grosses d'vn pouce, ou des oziers. Voyez la planche E. 5. n. 3. & faut tellement battre la terre auec des pilons, qu'elle s'abaisse de quatre ou cinq pouces, & n'en reste que sept ou huit. Quelques-vns y iettent vn peu d'eau pour mieux la ranger.

9. Il faut semer de l'auoine ou du gramen sur le dehors de chaque rãg, ou du grand tresle, appellé des An-

ciens, Medica, & de nous, foin de Bourgogne, ou ſain-foin, il n'y a aucune herbe qui iette plus de racines, ny plus profondes : & éleuer nettement & également par tout, les talus, par le moyen du triangle taludial. G. 2.

10. Le rampar E. I. 1. eſtant éleué d'vn iuſte hauteur, ſon plan doit aller vn peu en penchant vers la ville, afin que les eaux ſe puiſſent écouler, & doit eſtre tout couuert de gazons, ou bien d'vne croute de terre graſſe, ſurſemée de foin, de ſain-foin, ou d'herbe à ſept füeilles, qui a parillement beaucoup de racines.

11. Les parapets du rampar auront telle pante, que d'iceux on découure le pied de la contre-ſcarpe E. 1. 1. ou du moins le corridor E. 1. 2. I'ay parlé de leur matiere, au chapit. 3. & de leur hateurs, épaiſſeurs, & embrazu-

res, au chap. 3. l. 2. les embrazures seront entr'elles éloignées de dix à vnze pieds.

12. Si on plante des arbres, comme vous voyez en F. 10. sur le rampar, ce sera vn grand ornement en temps de paix, & vne tres-bonne prouision en temps de guerre, & n'occuperont point l'oreille des sentinelles, pourueu qu'on les ébranche, en temps qu'on se doute de l'ennemy.

CHAPITRE XI.

Des Caualiers.

1. LEs Caualiers F. 12. a. G. 7. c. c. se font de même matiere que les rampars, & ont mesme talu & mêmes parapets, & on peut les reuestir.

2. Leur hauteur par dessus le rampar, est d'vn ou deux commandemens, c'est à dire, de 9. à 18. pieds, ou tant qu'il est necessaire pour

s'oppoſer à quelque eminence qui eſt hors la place, ou pour couurir quelque lieu plus conſiderable dans vne place.

3. Leur ſituation eſt en la partie de la courtine, de laquelle on cõmence à découurir la face du baſtion : ou bien en quelque lieu que la neceſſité fait connoiſtre. G. 9. 1. 2. 3.

4. Ils doiuent eſtre en tel lieu, que le rampar n'en ſoit en rien incommodé, autrement ils cauſeroient la perte de la place, cõme i'ay veu à Arras.

5. Ils doiuent en haut eſtre capables de receuoir quatre ou ſix pieces de canon, & partant auoir de long quinze à ſeize pas, & cinq à ſix de larges.

6. Les figures les plus capables & plus commodes, ſont, la circulaire, l'oualc, & le carré long.

7. Les éclats de ceux qui ſont reue-

ſtus, incommodent fort ceux qui deffendent le rampar.

CHAPITRE XII.

Des fauſſe-brayes.

NOs Anceſtres qui faiſoient par fois doubles murailles pour mieux reſiſter, appelloient celle de deuant qui eſtoit la plus baſſe, fauſſe-braye: Car ſi l'interieure & principale eſtoit comme le haut-de-chauſſe (qu'ils nommoiēt braye) de leur ville, cette exterieure étoit cōme vn caneçon & fauſſe-braye, miſe par deſſus, pour conſeruer la principale. Ammian l'appelle *Antemurale.*

2. Elle ſe fait pour diſputer plus long-temps à l'ennemy, la contreſcarpe, luy empeſcher la trauerſe du foſſé, & receuoir les ruines que le

canon fait au corps de la place.

3. Leur plan doit estre de trois ou quatre pieds plus haut que l'eau du fossé, autrement elle seroit trop humide. Leur largeur sera de 25. à 30. pieds, outre le parapet, és places qui ne sont que de terre, & de 45. à 60. à celles qui sont reuestuës: afin que ceux qui y seront, ne soient incommodez des éclats de la ruine de la place.

Elles doiuent auoir vn parapet à l'épreuue du canon, de telle hauteur qu'il commãde au chemin couuert.

Quelques vns les font par tout paralleles à la place, autres font vn petit bastion au milieu de la courtine. Il y en a qui n'en font que deuant la courtine & les flancs. Quand les flancs ont leur grãdeur iuste, & qu'il y a place basse & place haute, & de bons orillons, on en tire plus d'vtilité que d'vne fausse-braye. Voyez la planche G. 9. 1. 2. E. 4. e. f. g. h.

CHAPITRE XIII.

Des orillons, épaules, Places-basses, Places-hautes, & des flancs.

LEs flancs se couurent auec des épaules, ou des orillons, ou bien auec des dehors.

Es places qui ne sont que de terre, il est tres-difficile qu'vn orillon ou épaule dure long-temps, n'estant pas seur de leur bailler tant de talu qu'il seroit necessaire pour le faire subsister.

Es forteresses reuestuës qui n'ont point ou peu de dehors, pour mieux cõseruer le flanc, on le diuise en trois parties égales, desquelles on en dõne 2. vers le de dehors pour couurir

la

la troisiéme, & on les arondit, si on veut que ce soit vn orillon, ou bien on les laisse en ligne droite, si on veut que ce soit vne épaule: & pour lors l'orillon ou l'épaule doiuent auancer autant que le flanc couuert est large. Ceux qui sont auancez dauantage, sont facilement ruinez, & leur debris comble le fossé.

La ligne de l'épaule ne doit estre parallele à la courtine, ains plus ouuerte en dehors, afin que le canon découure tout ce qu'il doit deffendre, ou que son vent ne la ruine.

Lors que les flancs tombent à plōb sur les faces, il ne faut point d'orillons, de peur qu'ils ne bouchent les embrazures.

Bien que l'orillon donne moins de prise, & se conserue mieux que l'épaule, toutesfois l'épaule est preferable à l'orillon, parce qu'elle couste moins, contient plus de Soldats, qui peuuent directement tirer à la face du bastion; & lors mesme qu'on fait les orillons de la muraille ronds, on fait carrez, ou à plusieurs angles, ceux du rampar. Les plus beaux orillons que i'ay veu, sont ceux de Hesdin, & les plus belles épaules, sont celles des bastions de Ligourne, G 9. 1. en l'vne & en l'autre, ils auancent vne fois & demie autant qu'est grãd le flanc couuert. A Ligourne, le flanc a pres de vingt toises, le flanc couuert en a six, l'épaule auance de neuf, & en a neuf de front. Pour en faire de pareilles, prolongez de dix toises la face de vostre bastion AB. iusques en E. sur le flanc BC. prenez six toises pour le flanc couuert CD. tracez vne ligne à plomb sur l'extremité de la face AE. & dans cette ligne à plomb, prenez neuf toises EF. pour le front de l'épaule, que vous ioindrez au flanc couuert par la ligne F D. Pour faire vn orillon, seruez-vous de cette pratique: diuisez le flanc B C. en trois parties par les points DE. Transportez vn tiers de C. en F. & par ce point tirez la ligne FG. parallele au flanc CB. prolongez la face AB. à l'infiny, & de B. iusques en H. prenez deux fois la grandeur BD. & tirez vne autre ligne de D. en H. pour lors la ligne FG. se trouuant coupée en IG. vous donnera vne autre façon d'épaule B. G. I. D. sur le milieu de laquelle du centre K. de l'interualle K. G. Si vous tracez vn demy-cercle, vous aurez vn orillon.

A Pauie & à Florence, on a fait des redans à l'extremité de la courtine, & à l'interieur de l'épaule, pour empescher les bricoles; I'ay aussi veu des embrazures faites de la sorte: mais i'estime que cela ne fait qu'empeſcher le vent du canon, & que ne pouuant auoir de ſolidité, les éclats perdront ceux qui ſe trouueront pour executer le canon; ceux qui baillent trop de glacis au flancs, font que la bale du canon ennemy, s'échape en haut, & de plus, cela diminuë fort la place.

Les places baſſes doiuent étre fort peu plus hautes que la campagne. Voyez G. 6. G. 7. b. leur largeur, eſt le tiers du flanc ou la moitié, leur profondeur eſt de quatre pas, pour les merlons, ſix, pour le canon, trois, pour les voûtes, dans leſquelles on doit retirer les poudres, lors qu'on tire, ſpecialement des places hautes, elle doit s'élargir vers la courtine, où doit eſtre l'entrée ou voûte, par laquelle on ameine de la ville le canon par deſſous le rampar.

De l'autre costé vers l'épaule, ou dans l'épaule mesme, doit estre vne poterne, par laquelle la Caualerie puisse descendre dans le fossê, s'il est sec, ou l'Infanterie dans vn basteau plat, s'il est plein d'eau, comme il se voit au Havre, à Hesdin, & ailleurs. G.1. h.

Neuf pieds plus haut que la place basse, & cinq ou six pieds en arriere, on éleue vn parapet de terre, de cinq pieds d'épaisseur, haut de trois, & vne seconde pour la place haute, qui doit estre profonde de cinq pas, pour loger deux canons, qui seruent lors que la place basse est ruinée, comme aussi pour obliger les assiegeans, lors qu'ils font des trauerses dans le fossé, à les tenir plus hautes. Voyez G.6. m. Si on craint que le foin du canon ne tombe dans les poudres de la place basse, il les faut retirer dans les voûtes, & couurir la lumiere des canons de leurs plaques. Il y a de fort belles places à Luques & à Anuers, celles de Hesdin sont excellentes, & le canon ne peut iamais estre démõté entierement. Ie ne parle point icy des case-mates, parce que l'experience a fait connoistre qu'elles affoiblissoient par trop la gorge des bastions qu'elles occupent presque entierement: De plus elles seruoient fort peu, tant à cause que les embrazures ou les pilliers des voûtes se rompoient, qu'à cause qu'on n'y pouuoit demeurer, la fumée ne se pouuant euaporer; Toutes lesquelles choses ont obligé, au lieu de case-mates, de faire des places basses, toutes découuertes.

CHAPITRE XIV.

De l'ordonnance des ruës, places d'armes, magazins, & corps de garde.

1. DANS vne forteresse, on doit preferer l'espace pour combatre, à l'espace pour loger. Le quart de la place à peine suffit, pour les ruës & les places publiques.

2. Il suffit que les petites ruës ayent trois toises de large, & les grandes, six, & qu'il s'y trouue enuiron de cent maisons pour chaque bastion. La ruë toutesfois qui est au pied du rampar, nommée place d'armes, en doit auoir dix, à cause des retranchemens qui s'y font.

3. La grande place d'armes doit étre proportionnée au nombre des Sol-

dats, qui doiuent estre pour l'ordinaire, à raison de 200. hommes pour bastion, ou cinq cens, s'il faut soûtenir vn siege, & puisque chaque homme marchant en bataille, n'occupe que trois pieds de front, & sept de file, & en combattant, que deux pieds de frōt, & enuiron trois de file: dans vn carré, dont le costé sera de quarante toises, on pourra ranger en bataille six mille hommes, donnant à chacun neuf pieds d'aire, trois de front, & trois de file.

D'où s'ensuit, que qui fera la place d'armes, de mesme figure que la forteresse, elle sera plus que suffisante, si on luy donne de rayon ou demy-diametre, autant qu'à vn flanc d'vn bastion.

4. Iamais ne faut obmettre en chaque quartier, des lieux pour les necessitez des Soldats, autrement, &

les rampars, & toutes les places, se trouuent remplies de saletez.

Les corps de garde seront voûtez. Le plus grand sera en la place d'armes, où est la principale garde, aux portes, & au bout des ponts : & faut qu'il y aye vne ou deux cheminées, specialement au grand corps de garde, & vn petit theatre de bon bois de chesne tout le long dudit corps de garde, haut de trois pieds, & large de six ou sept, fait de bonnes membrures bien affermies, & immobiles, pour le repos & la dure des Soldats.

Les Arcenaux seront és ruës proches du rampar, afin que les munitions en soient plus facilement portées sur le rampar.

Les poudres seront en lieu sec, le plus écarté qu'on pourra, tellement clos, & les portes si bien ferrées & encuirassées, qu'on n'y puisse mettre le feu, & ne seront iamais toutes en vn lieu.

Si les Soldats ne sont logez chez les Bourgeois, on leur fait des maisons proche le rampar, & y en a toûiours quelqu'vne plus considerable pour les Officiers, qui les contiendront en leur deuoir. En ville de conqueste, il faut que les Soldats soient logez chez les Bourgeois, & plusieurs en mesme lieu.

Il doit y auoir quantité de moulins à eau, ou à vent en temps de paix, & plusieurs à cheual & à bras, durant vn siege.

Les puits sont preferables aux fontaines qui se peuuent diuertir.

CHAPITRE XV.

Des portes.

1. AVCVNE place ne doit estre fortifiée auec plus d'art que les portes.

2. Celles de la ville d'Anuers, & de Gomore en Hongrie, sont dans la Courtine, tout proche du bastion, comme vous voyez és planches H. 2. 1. C. 1.

A Breda, celle qui va à Bois-le-duc, est dans le flanc. Voyez la planche F. 2.

A Aire, il y en a vne en la face d'vn bastion : Et semblablement à Saint Iean de Laune. On improuue tous ces endroits, dautant que c'est d'ordinaire les flancs & les faces qu'on attaque, & telles portes sont incontinent, ou rompuës, ou bouchées des ruines prochaines.

Elles ne ſont nulle part mieux qu'au milieu des courtines, H. 2.5. dautant que le foſſé étant en ce lieu plus large qu'en aucun autre endroit, on y peut faire plus de fortifications, & y apporter plus de precautions, & eſt également deffenduë des deux baſtions voiſins.

Sa largeur H. 1. ſera de dix à douze pieds, ſa hauteur de 14. à 15. pieds, ſa longueur ſemblable à l'épaiſſeur de la muraille, & du rampar. Elles ſeront voûtées toutes ou en partie; y aura vn corps de garde grand & capable à l'entrée vers la ville, & ſi c'eſt vne place de conqueſte, on fera vne bonne palliſſade, de fortes planches, de peur que les Bourgeois ne ſurprennent les corps de garde, & vne autre porte interieure à treillis, de fortes membrures de cheſne.

La maſſonnerie de la porte exterieure ſera de pierre, qui ne ſe gaſte, ny à la pluye, ny à la Lune; l'ouurage en ſera d'ordre Toſcan, ferme, ſolide, & qui iette par ſes ornemens, pluſtoſt de l'horreur à ceux qui la regardent, que de l'admiration pour ſa gentilleſſe. On ne manquera d'y mettre des boules, de peur que le charroy n'en gaſte les iambages.

Le bois de la porte ſera de bon cheſne, ſans nœud, de deux, trois, ou quatre doubles, ioints & affermis de bons clous, & fortes barres de fer.

En la moitié du coſté droit en ſortant, on fait vn guichet, large de deux pieds & demy, haut de quatre pieds, qui reuient à trois, à cauſe d'vn pied qu'a le ſueil qui reſte dans la grande porte. Il doit eſtre de même épaiſſeur que la porte, & fourny de bons verroüils.

Les poternes pour aller és fausses-brayes, seront telles que le canon y puisse aller, c'est à dire, auront sept pieds de large, & huit ou neuf de haut.

Au milieu de la voûte, où on mettoit cy-deuant des herces & cataractes, *H.* 4. 2. depuis qu'on a reconnu qu'elles ne resistent au petard, qui les rompt toutes entieres, & qu'vn soliueau mis dans la coulisse, ou vne charette les peut empescher de tomber, on se sert de grosses poûtres, qu'on nomme orgues, lesquelles on fait passer par des trous faits à la voûte, proches d'vn demy-pied l'vn de l'autre, qui font le même effet que la herce, & l'vne estant petardée ou retenuë, ne rompt pas les autres, & ne les empesche de tomber: voyez la figure de l'vne & de l'autre, en la page H. 4.

Les ponts-leuis se font de plusieurs façons, les plus communs se font à fleches auec cette proportion.

Leur longueur & largeur, sera precisement égale au chassis de la porte qui le doit contenir estant leué, les bras auront huit ou neuf pouces d'épaisseur, comme aussi la poutre qui les conioint.

L'aisselle ou épaule, où aboutissent les bras, & sur laquelle il doit tourner, aura de diametre 14 à 16 pouces, les deux extremitez estans ferrées de deux bons cercles de fer, l'on fera entrer dans le centre deux cheuilles de fer, longues d'vn pied, & de deux ou trois pouces de diametre, qui se puisse mouuoir à l'aise, sur vne forte bande de fer, voûtée, qui sera à la iointure du sueil & iambage de la porte: les fleches auront deux fois la hauteur de la porte pour le moins,

& vn pied de diametre.

Les cheuilles de fer ſur leſquelles ſe doit faire le mouuement, ſeront auſſi groſſes que celles d'embas. Le carré interieur ſera trauerſé d'vne croix de S. André, qui ſeruira auſſi au contre-poids.

Les chaiſnes ſeront brazées par tout, & l'anneau même d'enbas, de peur que le même n'arriue qu'à l'écluſe, où vn Soldat ayant paſſé à la nage, défit la boucle d'enbas, qui étoit ouuerte, & abbatit le pont ſans aucun bruit.

Il s'en fait d'autres à trébuchet, la bacule eſtant dans la porte, on fait vn creux ſuffiſant pour la receuoir, lors que s'abbaiſſant on leue le pont.

Il y a des endroits où on ne met que des planches ſur les trauerſes, ou des trapes qu'ō oſte toutes les nuits, & qu'on porte dās le corps de garde.

En

En quelques endroits, derriere la porte en dedans, on fait vn grand creux ou fossé carré, qui se couure de deux demies-portes en forme d'vne trape, qui se haussent de nuit, chaque batant à chaque costé, & s'abaissant, se ioignent sur vn ou deux piliers au milieu: tel pont est parfaitement bon, & ne peut étre petardé.

Bien que les piliers des ponts d'vne ville, puissent estre de pierre, ils seront toutesfois meilleurs, d'auoir leurs planchers & garde-fous de bois, afin qu'on les puisse couper au besoin.

Ils doiuent estres larges de quatorze à quinze pieds au moins, estre plus bas que la campagne, & qui aillent en destournant.

Quand il n'y a point de demy-lune deuant la porte, on tient le pont plus large sur le milieu du fossé, pour y faire vn corps de garde, qui aura vn pont-leuis, ou vne bacule deuant soi, pour le separer du reste du pont. Voyez H. 5.

S'il y a vne demie-lune, les vns détournent le chemin le long de la gorge d'icelle sur la contre-scarpe, & font vn corps de garde & vne pallissade, qui empesche qu'on n'entre du pont dans la demy-lune, comme vous voyez en la figure F. 11.

Les autres poussent le chemin tout à trauers de la demy-lune, & font le corps de garde, & la porte vers l'extremité de la face, comme vous voyez en la figure F. 12.

Au bout du pont, il faut auancer vn corps de garde qui ait vne bacule, & de bonnes pallissades de costé & d'autre, & par delà la bacule, on met les barrieres, qui se ferment auec vn herisson ou cheual de Frise bien balancé ſur vne groſſe piece de bois, afin qu'il ſe puiſſe facilement ouurir & fermer, & ſe ioindre de part & d'autre à ſes poteaux. Voyez H. 4. 3.

Que ſi par delà il y a quelque chauſſée ou marais, on le coupe d'eſpace en eſpace auec des foſſez qu'on couure de planches qui ſe peuuent leuer, & à la reſte de la chauſſée, on fait encore vne bacule, auec ſes paliſſades & corps de garde, où on met du monde, ſelon la neceſſité: & ſi on craint que les foſſez de la chauſſée ne ſe comblent de limon, on arreſte les bords auec de bons pieux ou pilotis, comme vous voyez en la planche H. 6.

CHAPITRE XVI.

Des Fossez, Contre-scarpes, & Cuuettes.

1. ON fait des Fossez pour empescher l'énemy d'aborder; pour auoir de la terre, pour faire le Rampar, & pour faire les murailles plus hautes, sans les éleuer beaucoup par dessus la campagne.

2. Vne bonne largeur est de 15. à trente pas, pareille à celle du Rampar, ou à la longueur du flanc; On peut auec artifices, trauerser ceux qui ont moins de 15. pas; en ceux qui ont plus de trente, on découure trop le pied de la muraille, cõme aussi les Corridos & la gorge des demies-lunes, les mousquets de la place ont de la peine à porter sur le chemin cou-

üert, & beaucoup plus ſur les eſplanades des ouurages auancez, & l'ennemy peut y loger plus de pieces de canon pour rompre les flancs.

Es lieux mareſcageux qu'on ne peut creuſer, on eſt obligé de les tenir plus larges, pour auoir de la terre ſuffiſamment pour le Rampar, n'étant pas poſſible de creuſer beaucoup en de ſemblables lieux. A. XI. B. 7.

Iamais profondeur ne gaſta le foſſé, pourueu qu'il n'y ait rien qui n'y ſoit flanqué : Il leur faut d'ordinaire bailler de creux, la hauteur du Rampar qui en doit eſtre tiré, & ne doit iamais auoir moins de ſix à ſept pieds, ou la hauteur d'vn homme, meſme és dehors, quoy qu'on ne leur baille d'ordinaire que la moitié de celle du grand foſſé de la place.

Les Contre-ſcarpes doiuent eſtre

tirées paralleles aux faces des bastions. Es places toutesfois qui sont de huict bastions, il les faut faire répondre au milieu du flanc, autremét les chemins couuerts ne pourroient estre deffendus des Flancs.

Leur Talu doit estre tel qu'il puisse soustenir la terre, & qu'on puisse aisément, en vne retraite precipitée, se couler dedans le fossé, sans qu'on en puisse remonter, que par les lieux destinez à cela.

Il n'est besoin ny à propos de les reuestir, sinon és lieux, où la terre, quoy que naturellement rassise, ne peut se soustenir sans vn trop grand talu, qui en faciliteroit trop la montée.

Estans tournées en rond vers la pointe des bastiõs, le fossé a par tout sa largeur, & on peut y faire vn corps de garde. Voyez A. XI. XII. XIII. B. 8.

D'autres coupét cette pointe auec vne ligne droite, ce qui a les mêmes commoditez. D. 4. G. 1.

Vn fossé plein d'eau, asseure vne place contre les escalades & les surprises, est malaisé à combler, & l'ennemy a de grandes difficultez à le passer, & s'y couurir, ou y combatre.

D'autre part il incommode les sorties & l'entrée du secours, engendre vn mauuais air, si l'eau n'en est viue & coulante, se gele, on n'y peut faire de flancs bas, de Caze-mattes, Coffres, & semblables inuentions, dont on se sert pour combattre l'ennemy dans le fossé.

Dans les fossez pleins d'eau, on fait au milieu des palissades qui ne vont qu'à fleur d'eau, & d'autres au pied des bastions & des courtines, pour empescher les surprises. Voyez les figures F. 6. 7. 8. G. 6. e. d.

En quelques endroits au milieu d'vn fossé sec, E. 1. 2. g. on fait vne cuuette ou petit fossé, large de quinze ou vingt pieds, le plus creux qu'on peut; Autres le font proche la muraille, & specialement au droit des places basses, comme s'est veu à Orbitello. E. 1.

Les montées se font au milieu des courtines, ou à la gorge des bastions. G. 3.

CHAPITRE XVII.

Du chemin couuert.

SVR la Contre-scarpe, on fait vn chemin, que les Italiens appellent Corridor, large de deux à cinq toises, que l'on couure vers la campagne, d'vn Parapet, nommé Esplanade, haut de cinq à six pieds, pour l'Infanterie, & de neuf pour la Caualllerie, qui va insensiblement se perdre à dix ou quinze pas dans la campagne. E.3.a. b.

Afin que ce parapet ne s'esleue tant par dessus la campagne, on peut prendre de la terre dans ce chemin pour se couurir, en rehaussant la campagne de cette terre ; mais en ce cas, prenez garde que le fossé demeure assez creux : il y faut faire vne ou plusieurs banquettes, selon qu'est haute l'esplanade.

Au droit du milieu de la courtine, on fait des pointes de même niueau que le chemin couuert, & trois à la pointe des bastions. D.8.D.21.

Que s'il y a quelque lieu dans la campagne duquel on peut voir ou enfiler ce chemin, on fait par tout des Redans en forme de dents de scie, qui couurent les Soldats, par le moyen de telles pointes, la campagne est flanquée, les sorties se font auec ordre, & les retraites sans confusion. D. 8. D. 21. n. m.

Par delà l'esplanade, il ne faut point de fossé, s'il n'est remply d'eau, & mesme il empesche tousiours les sorties. E. 1. a.

Sur l'esplanade à deux ou trois pieds du Corridor, aucuns font vne palissade de pieux, distans d'enuiron six pouces les vns des autres. E. 1. l.

FIN.

TABLE NECESSAIRE POVR l'intelligence des Planches & Figures comprises en ce Traité.

LA PREMIERE PARTIE

CONTIENT plusieurs Places fort estimées pour leur situation : telles que sont celles qui sont basties dans la Mer, ou dans des Riuieres, ou lieux Marescageux, comme sont, le Mont S. Michel, situé en l'extremité de la Basse Normandie, tenu communément pour imprenable, à cause de la Mer qui l'enuironne deux fois le iour. A. 2.

Sestos & Abydos, autrement appellez les Dardanelles, ou les deux Chasteaux, situez au Destroit de

Callipolis, par lequel il faut que passent tous les vaisseaux qui vont à Constantinople, & qu'ils s'y arrestent trois iours en retournant, s'ils ne veulent estre coulez à fond. A. 3. & 4.

Le Fort de Sequin, situé dans l'extremité de l'Isle du Betavv, dans le Rhein. A. 5.

Lierot, place de Frise. A. 5.

Autres situées sur des montagnes, comme sont, Bressia. A. 6.

Carlemont. 7.

La Motte. 8

SECONDE PARTIE.

Places grandemẽt estimées pour leur fortification Reguliere.

La Citadelle de Iuliers. A. 9.

Bourtange en Frise. A. 10.

Mœur sur le Rhein. A. 11.

Grolle en Frise. A. 12.

Dame prés de Bruge. A. 13.

Covvorde en Frise. A. 14.
Stevensvvert sur la Meuse. A. 15.

TROSIESME PARTIE.

Places grandement estimées, quoy que tres-irregulieres en leur Fortification.

Le Sas de Gand. B. 1.
Breda. B 2.
Guenep sur la Meuse. B. 3.
Bergopsom en Brabant. 4.
Burric sur le Rhin. 5.
Bapaume 6.
Rauestin sur la Meuse. 7.
Breuort en Frise. B. 8.
Arras. B. 9.
Trenense en Flandre. B. 10.
Creue cœur sur la Meuse. B. 11.
Gomorre en Hongrie. C. 1.
Clermont en Lorraine. C. 2.
Le Mole de Ligourne. C. 3.
Le Fort d'Emerich sur le Rhein. 4.

La Philippine en Flandre. C. 5.

Le Fort qui eſt deuant Rées, au delà du Rhein. C. 6.

Le Fort de Heſmer ſur la Meuſe. C. 7.

Le Fort S. Helme à Naples. C. 7.

LA QVATRIESME PARTIE

Contient trois Tables: deux pour baſtir des Places, où ſoient exactement obſeruées les proportions qu'on donne en France pour baſtir vne bonne place. La troiſiéme, où ſont gardées les proportions pratiquées en Hollande. D. 1. 2. 3. Suiuent douze planches, où vous voyez douze deſſeins Reguliers, eſquels l'Autheur a mis en pratique, tant ce qui eſt compris dans les Tables, que dans ſes écrits, auec vne grande diuerſité de dehors, qu'il auoit remarqué en diuers lieux. Et y a adiousté vne autre planche, où vous voyez vn nouueau dessein, proposé ces dernieres années, par Monsieur le Comte de Pagan. D.15. 2.

Les planches suiuantes representent les differentes Figures des Forts de Campagne, qui sont pratiquez en ce temps. D.16.17. 18.19.20.

LA CINQVIESME PARTIE

Donne les coupes & éleuations, tant des Places Royales, que des Fortins. E.1. 2.3. 4.5. 6.

LA SIXIESME PARTIE

Fait voir en grand poinct, plusieurs dehors & autres ouurages, representez, tant en leur plan, qu'en perspectiue, depuis F. 1. iusques à F. 12.

LA SEPTIESME PARTIE

Monſtre tant en plan qu'en perſpectiue, tout ce qui eſt neceſſaire pour baſtir vne Place : & conduit l'ouurage, depuis les Fondemens iuſques au Parapet, tant en terre qu'en Maſſonnerie. Depuis G. 1. iuſques à G. 10.

LA HVICTISME PARTIE

Fournit les diuerſes Fortifications, qui ſe pratiquent és auenuës, entrées, & portes d'vne Place. Voyez H. 1. & les ſuiuantes.

FIN.

ARCHITECTVRE MILITAIRE
Compoſee
Par le R P George Fournier
de la Comp de Jeſus

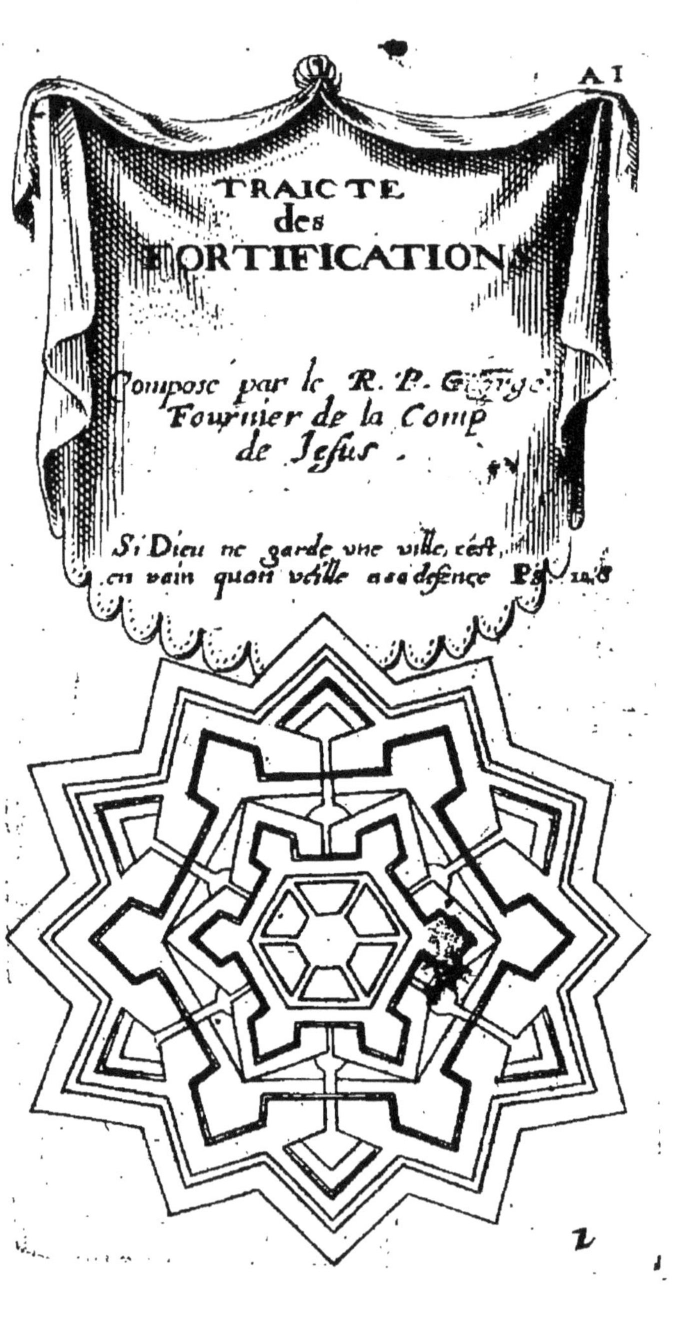
TRAICTE
des
FORTIFICATIONS
Composé par le R. P. George
Fournier de la Comp
de Jesus.
Si Dieu ne garde une ville, c'est
en vain qu'on veille a sa defence Ps. 126

2

A II
LE MONT S.T MICHEL
et autres places estimees fortes pour
Leur Situation dans la Mer.
2

SESTOS CHATEAV DE L'EVROPE A III

Sestos

abidos

ABYDOS CHASTEAV DE L'ASIE DEVANT CONSTANTINOPLE

A IIII

4

Places fortes pour leur situation en des Isles

A V

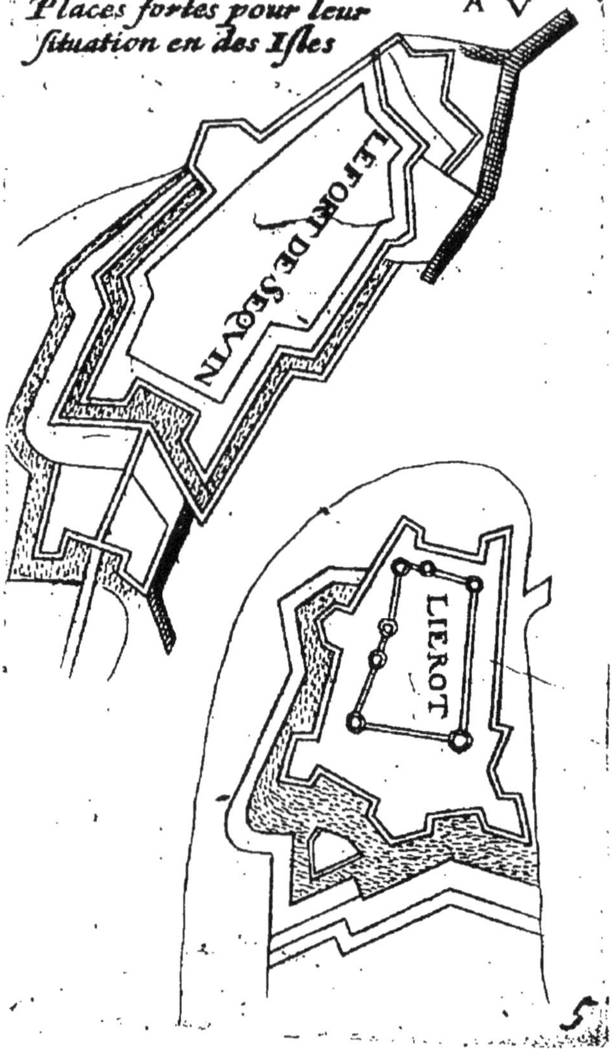

LE FORT DE SEQVIN

LIEROT

5

Sur les Montgnes A VI

BRESSIA

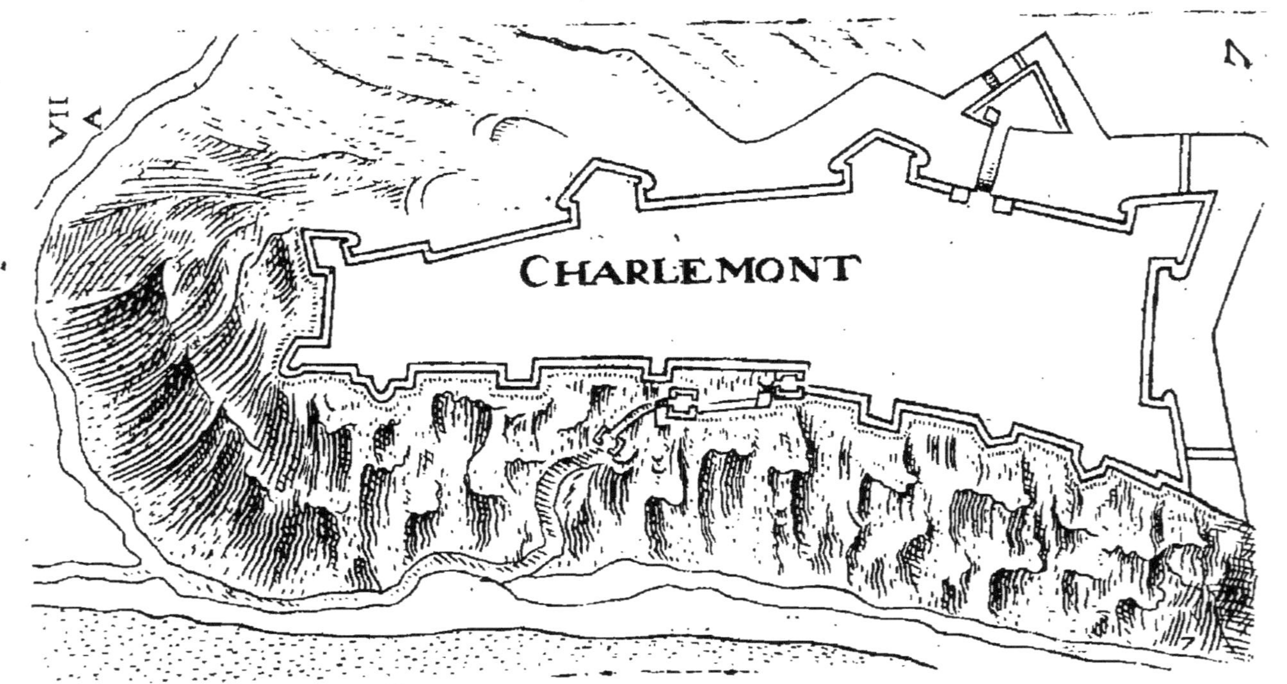
VII
A
CHARLEMONT
7

VIII

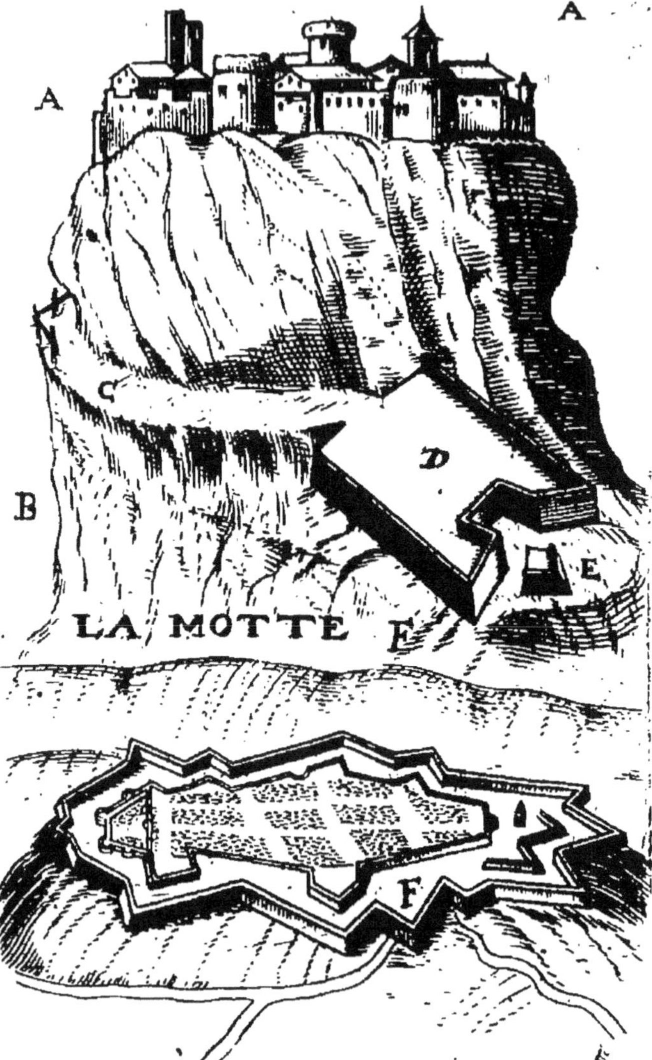

CITADELLE DE IVLIERS et autres places Estimées pour leur Regularité

verges 50 10

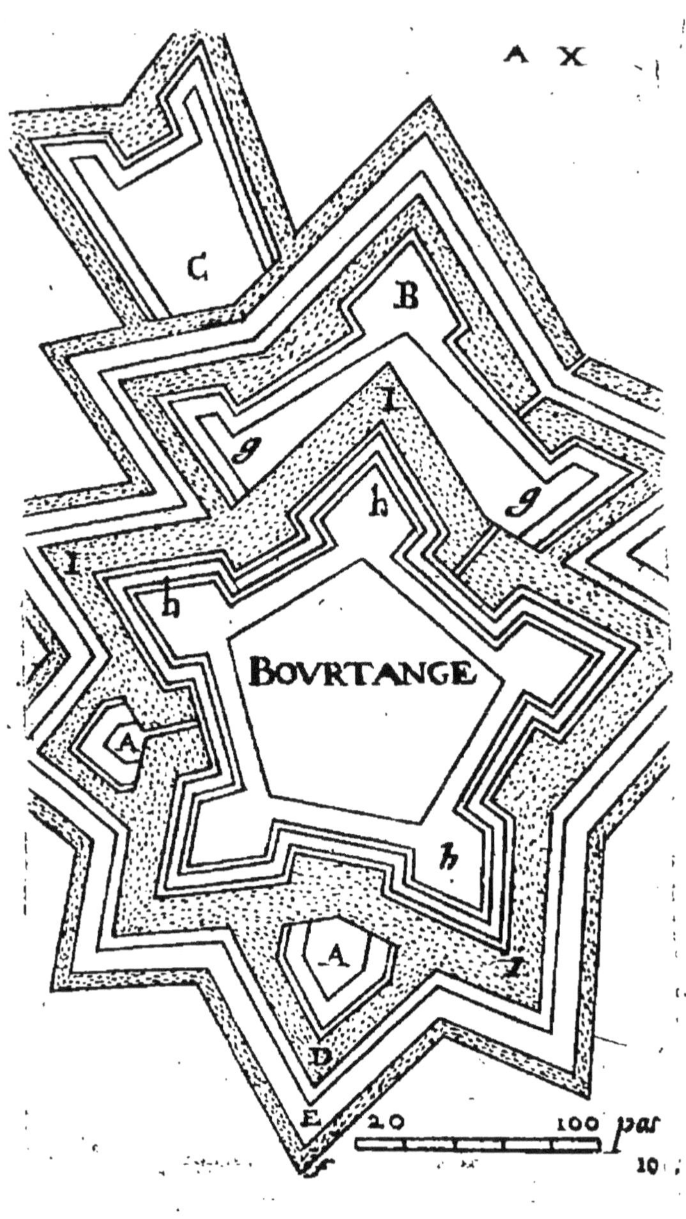
A X
C
B
I
g
g
h
h
I
h
BOVRTANGE
A
h
A
I
D
E
20
100 pas
10

A XI

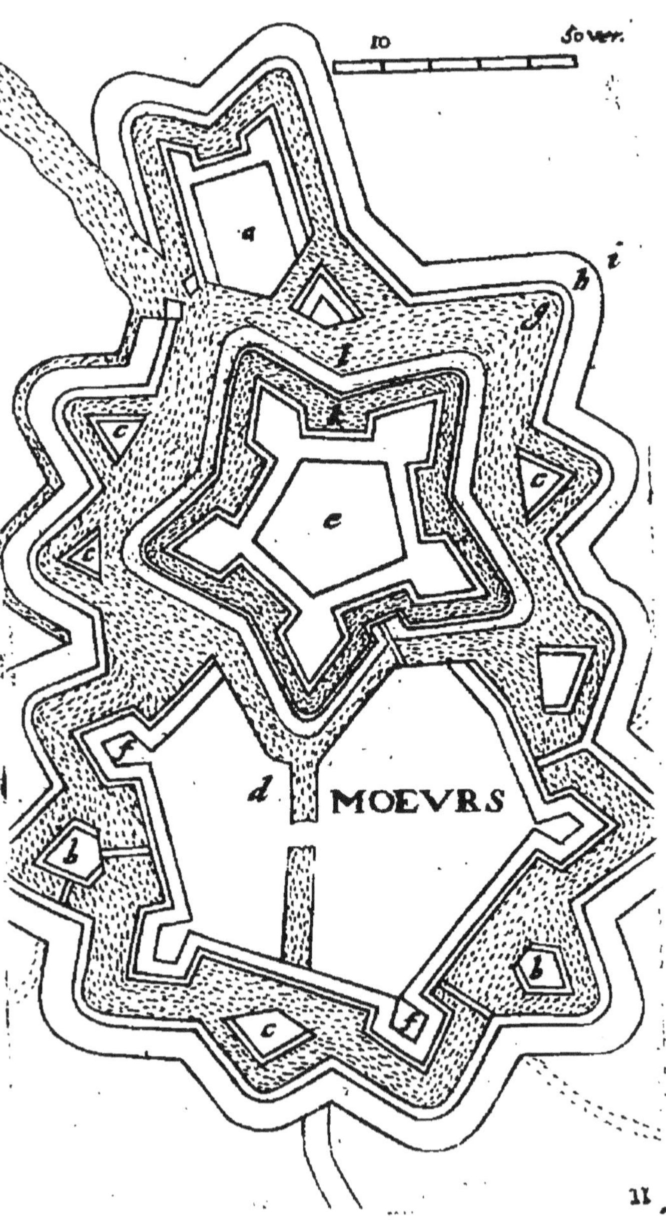

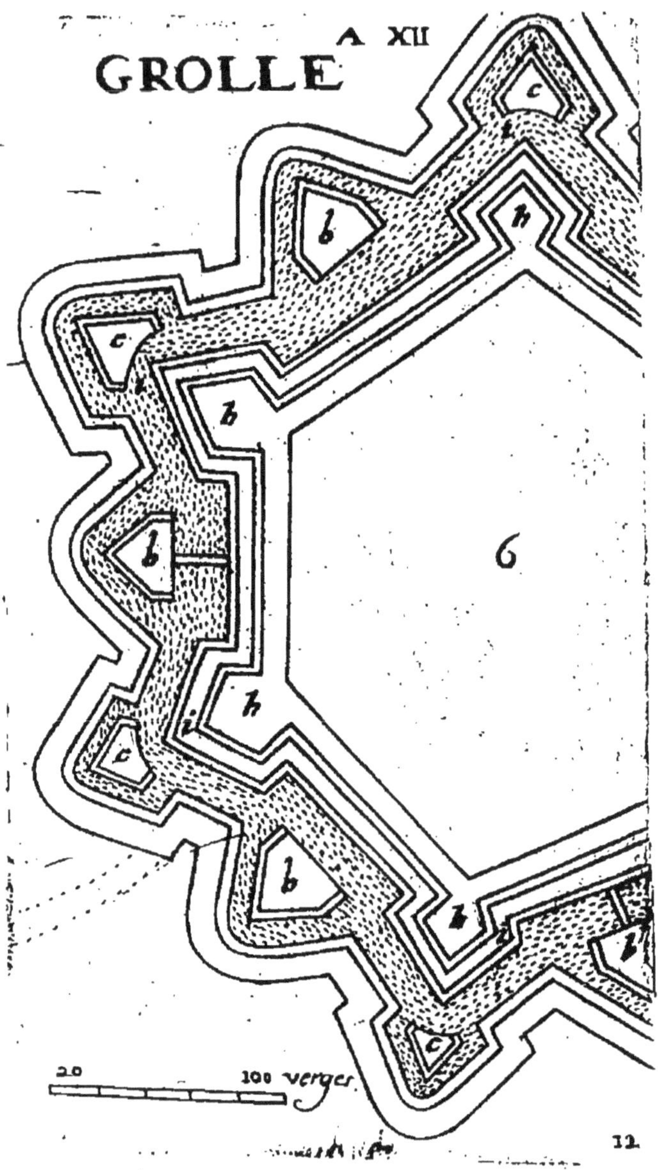
GROLLE
A XII
b
c
h
6
20
100 verges.

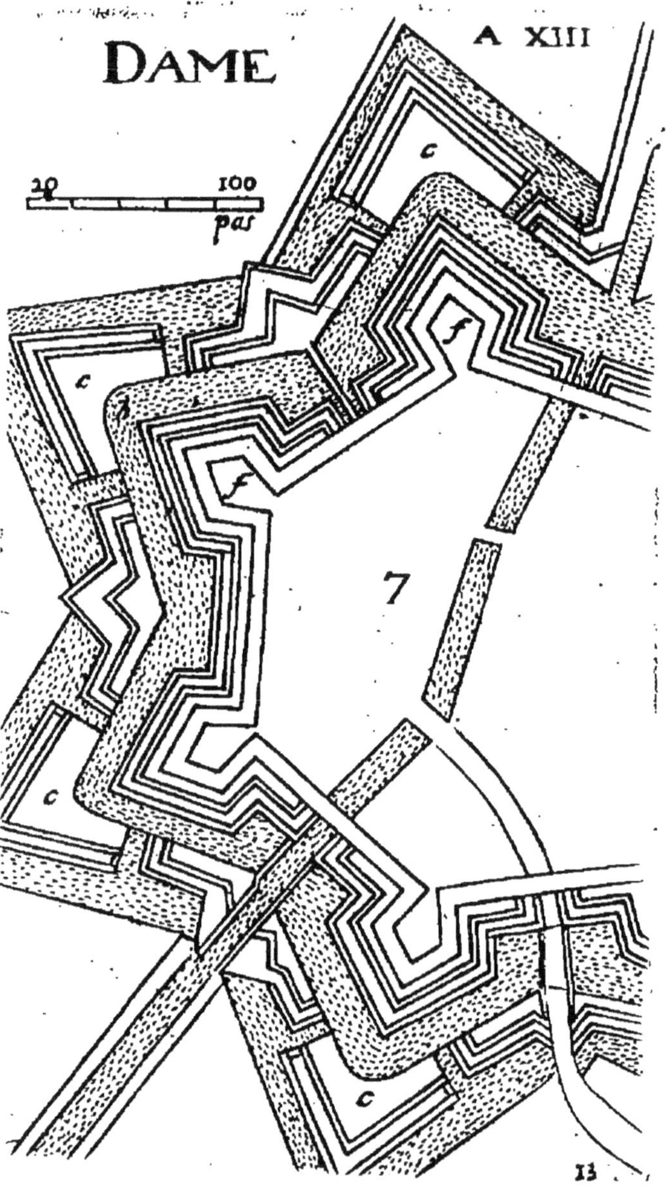
DAME
A XIII
20
100
pas
c
c
c
c
f
f
f
7
13

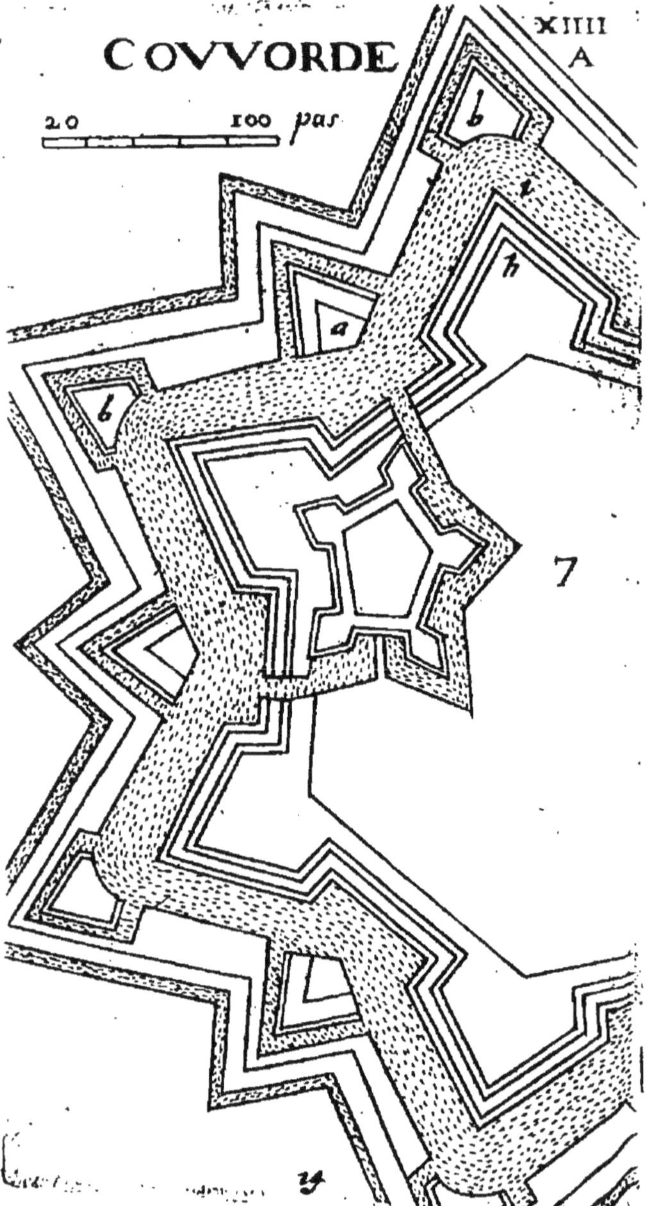
COVVORDE
XIIII
A
20
100 pas
b
i
h
a
b
7

A XV

STEVENS-WEERT

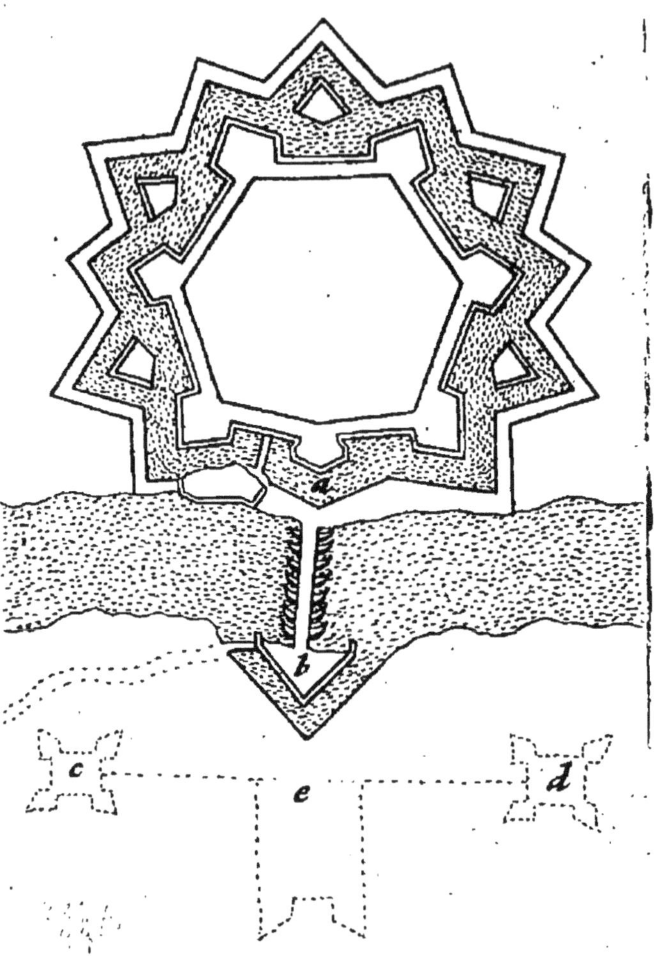

ROSE

et autres places estimees pour leur fortifications presque regulieres et situation sur Mer

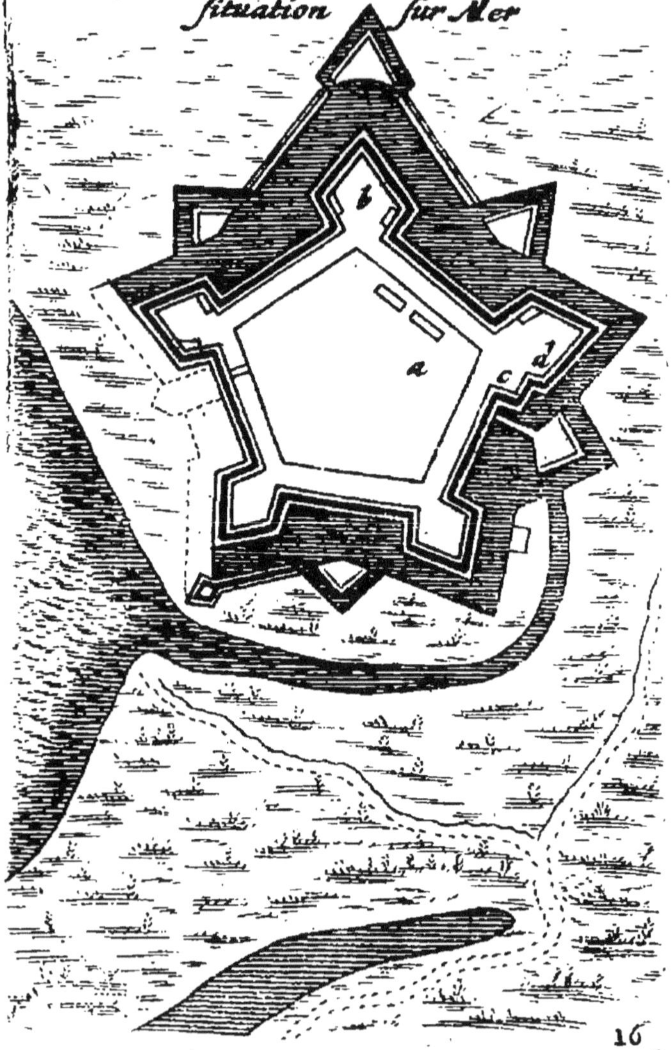

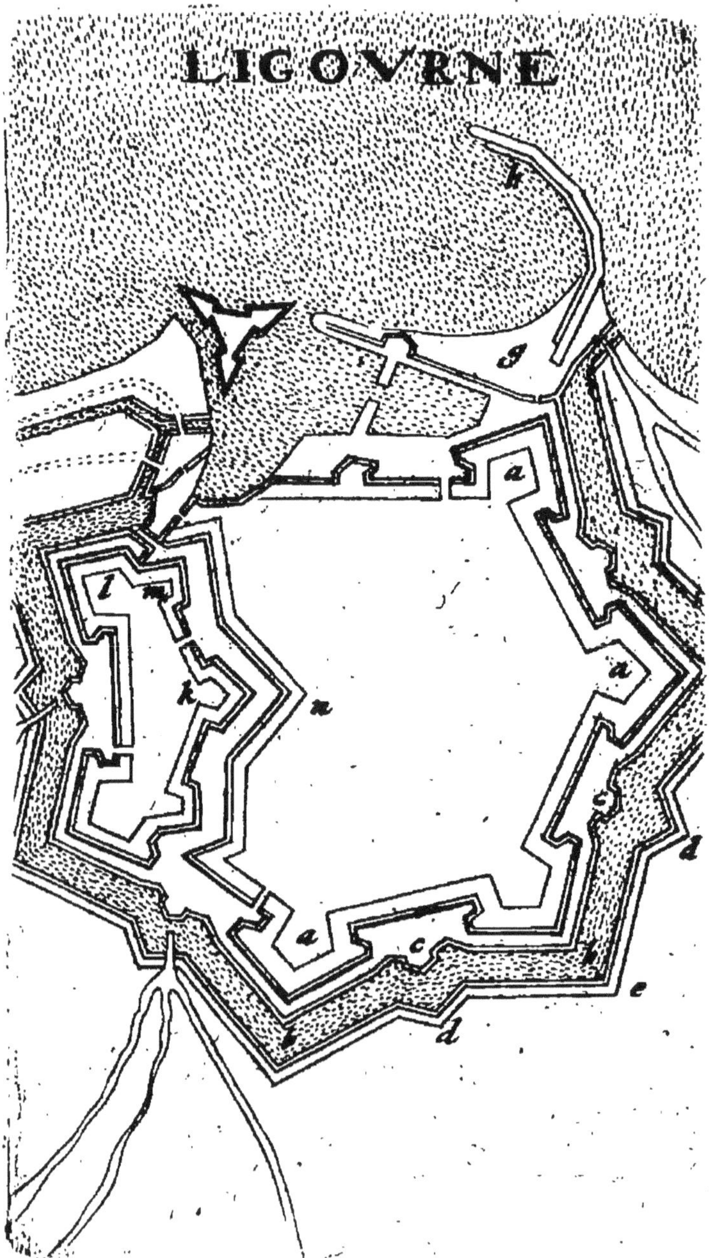

LIGOVRNE

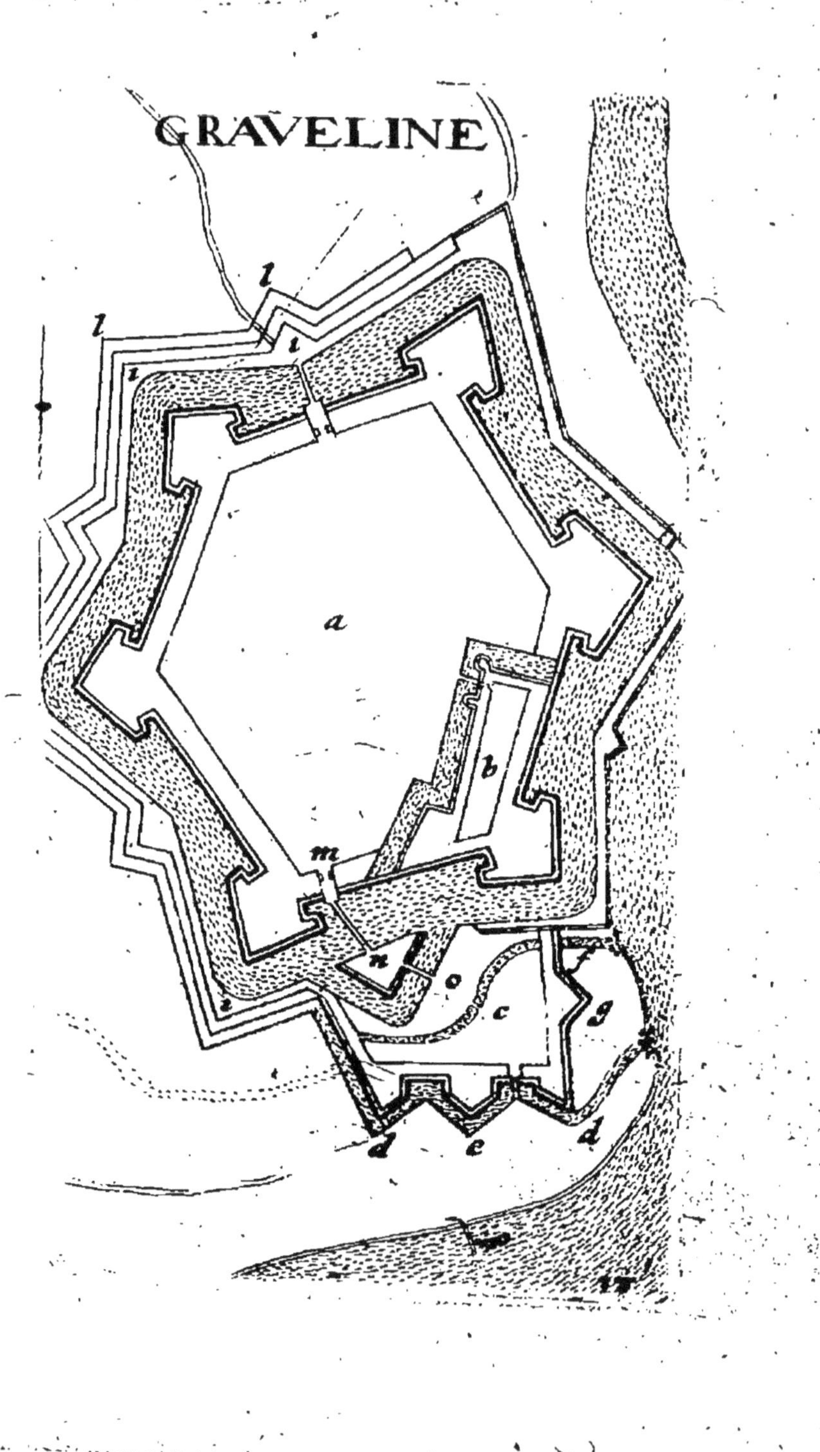
GRAVELINE
l
l
i
i
a
b
m
n
o
c
g
d
e
d

DVNQVERQVE

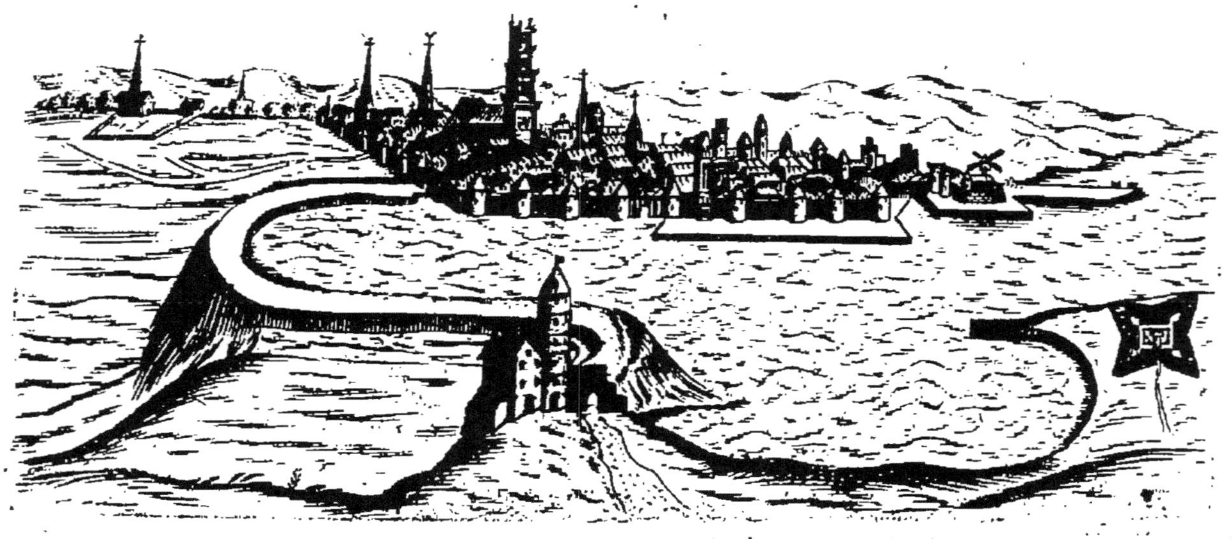

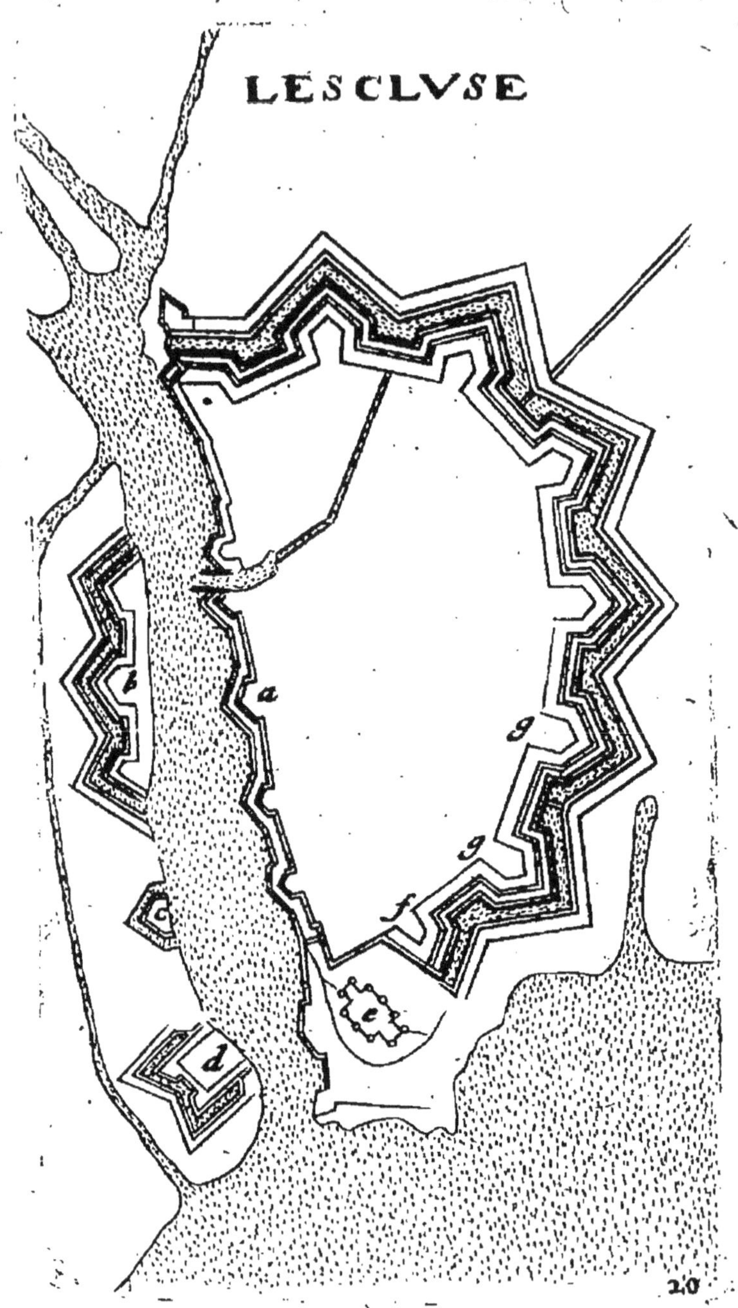
LESCLVSE
a
b
c
d
e
f
g
g
20

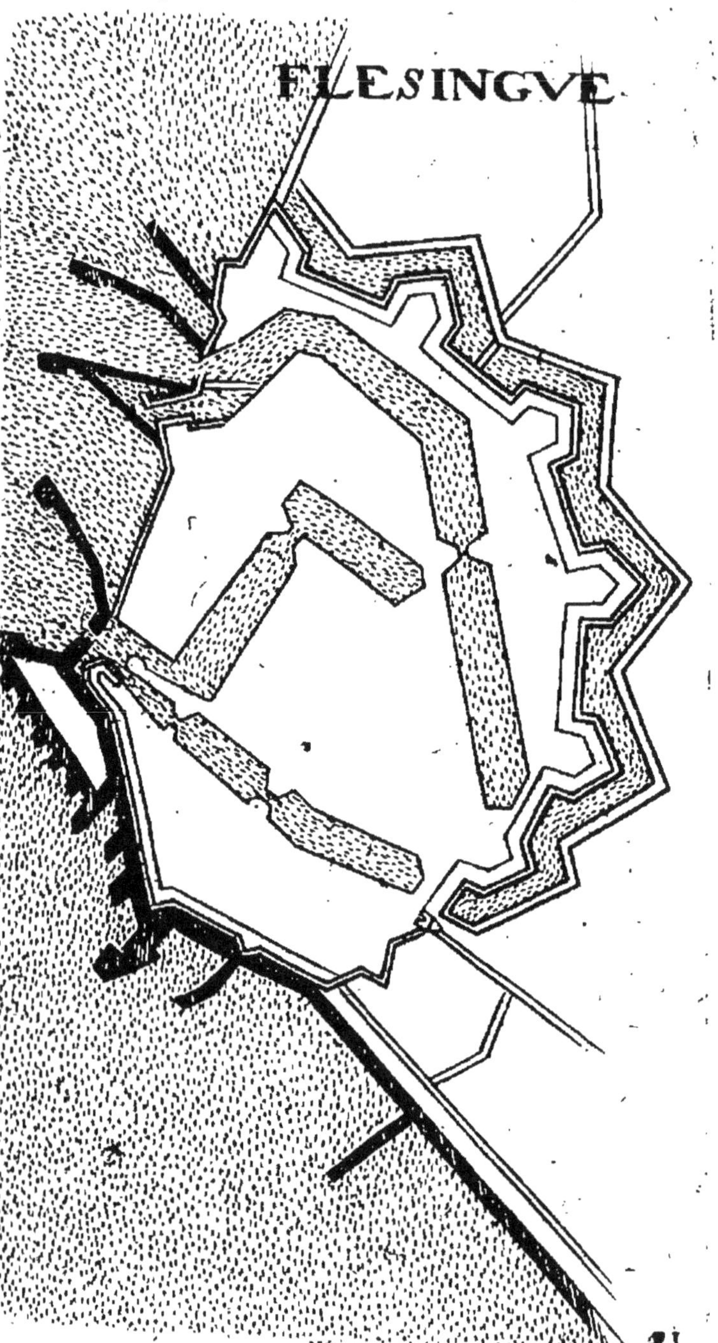
FLESINGVE

HESDIN

Situé en des Maretz

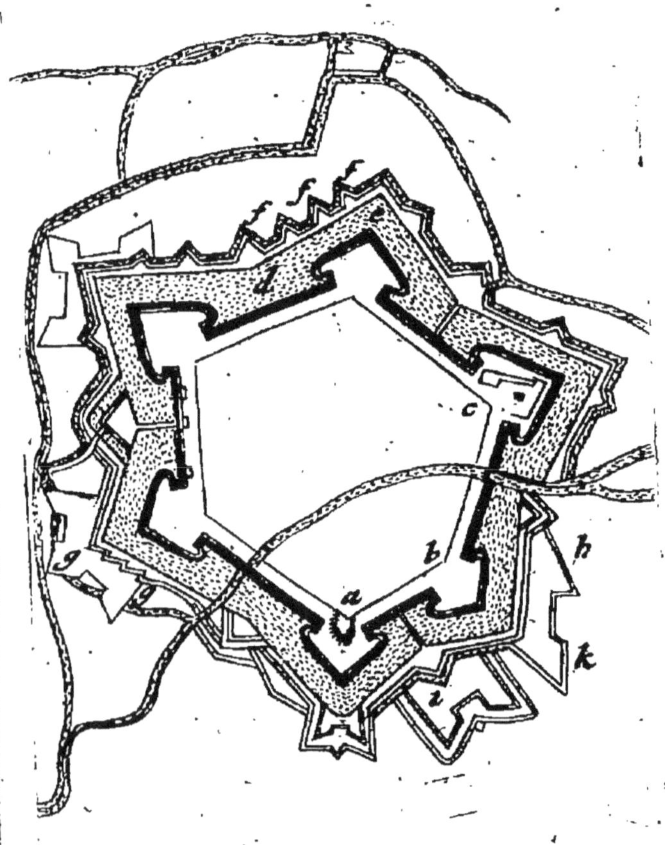

PHILISBOVRG

Caualier esleué de six thoises.

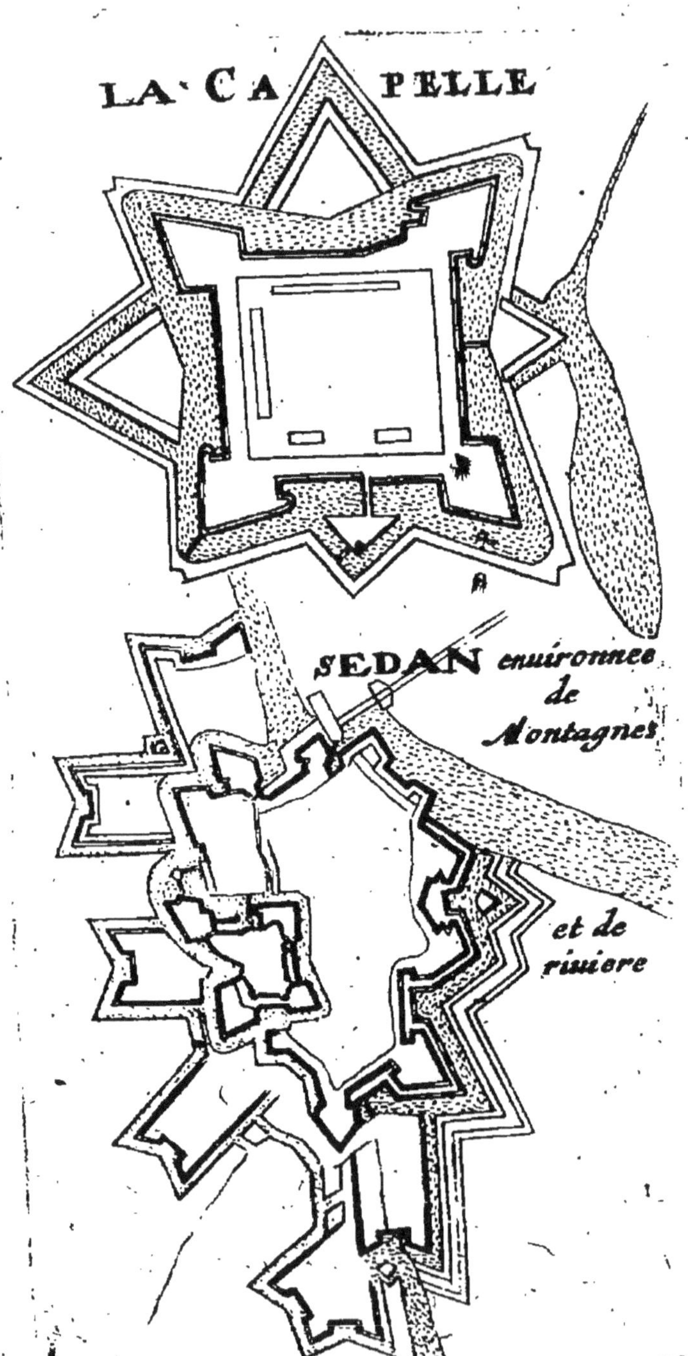
LA CA PELLE
SEDAN enuironnee de Montagnes
et de riuiere
24

B 1

Le sas de Gan

et autres places fort estimees pour leur situation et fortifications quoy que tres irregulieres

B 2

BREDA

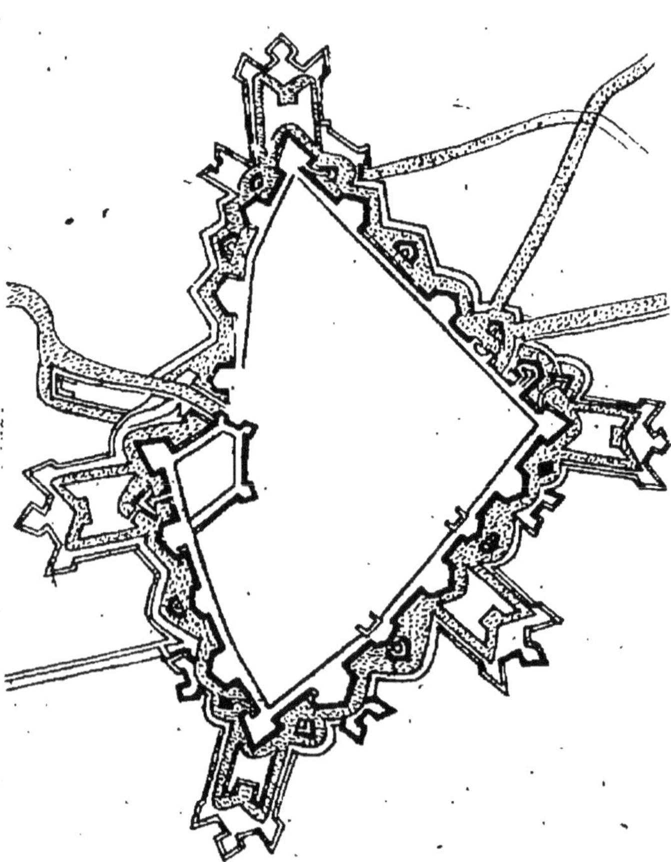

26

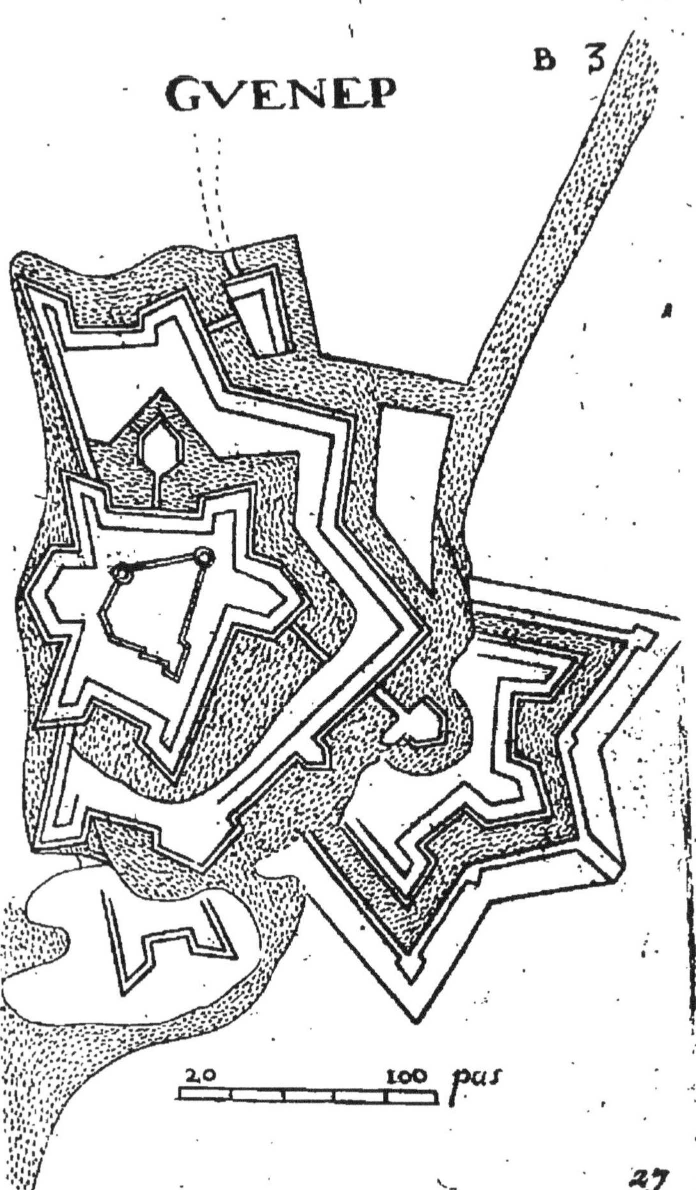
B 3
GVENEP
20
100 pas

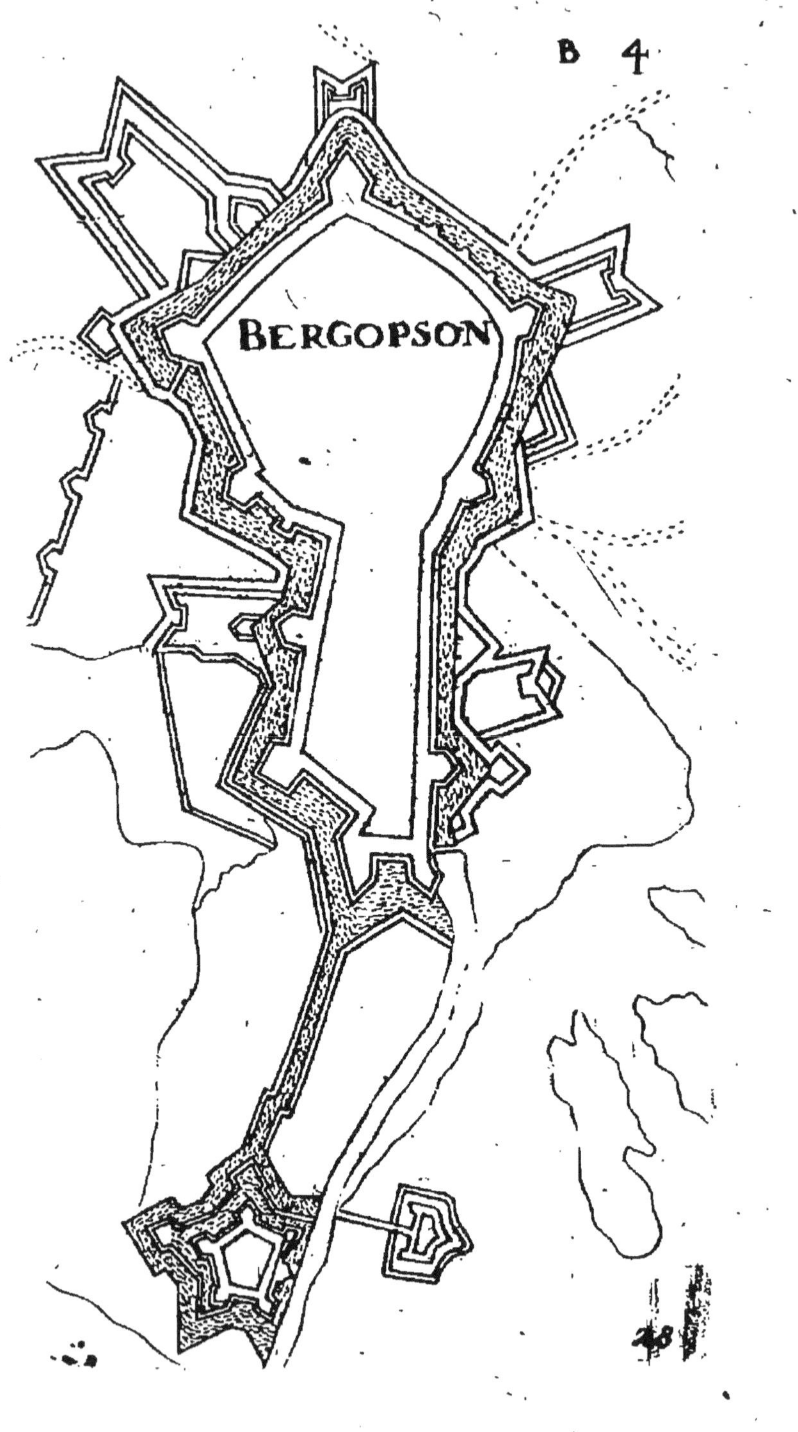
BERGOPSON

B 5

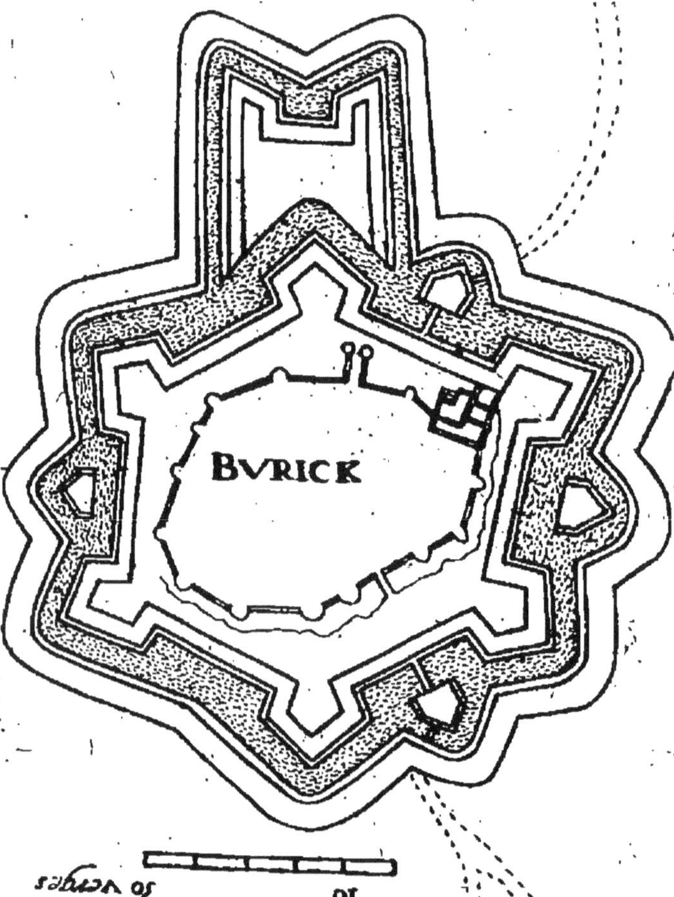

BAPAUME B 6

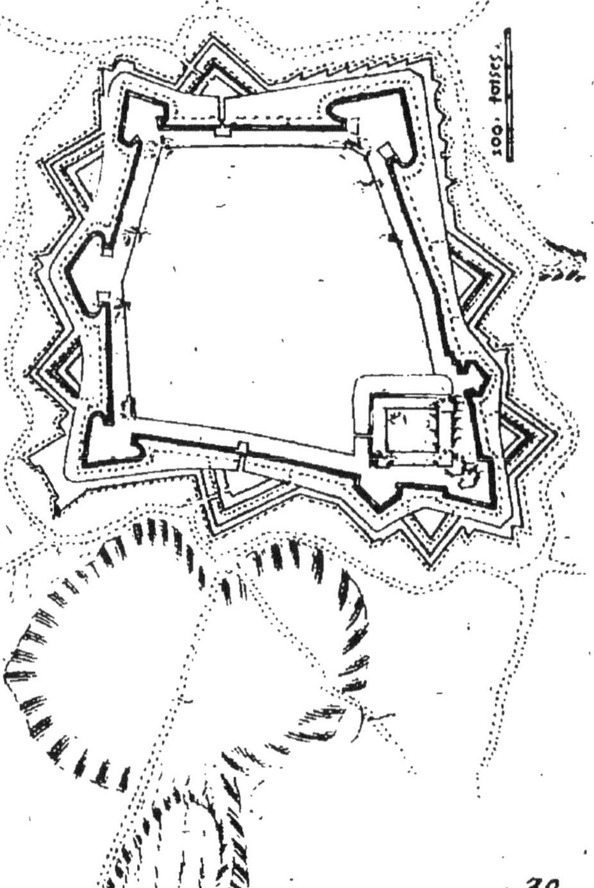

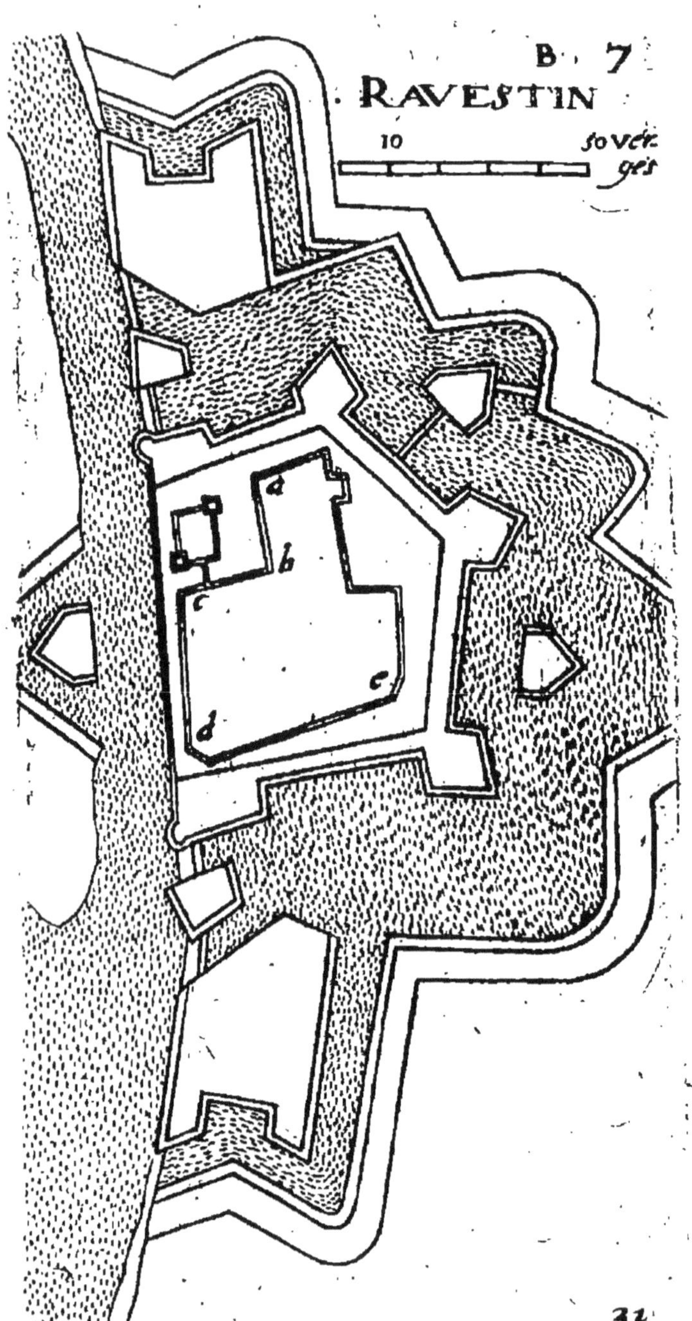
B 7
RAVESTIN
10
50 ver-
ges
a
b
c
e
d

BREVORT

B 8

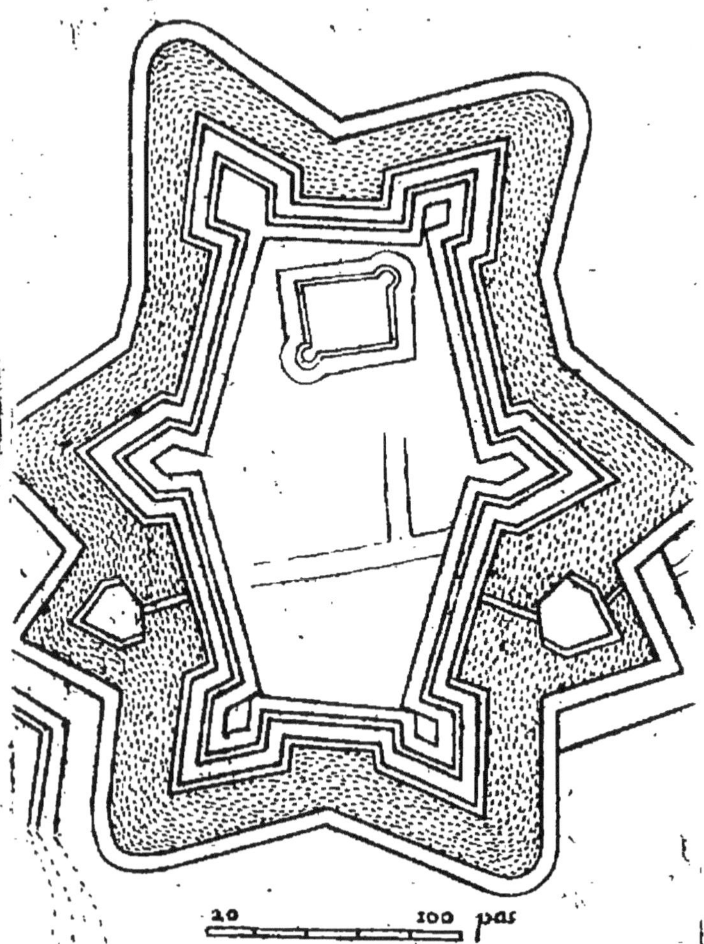

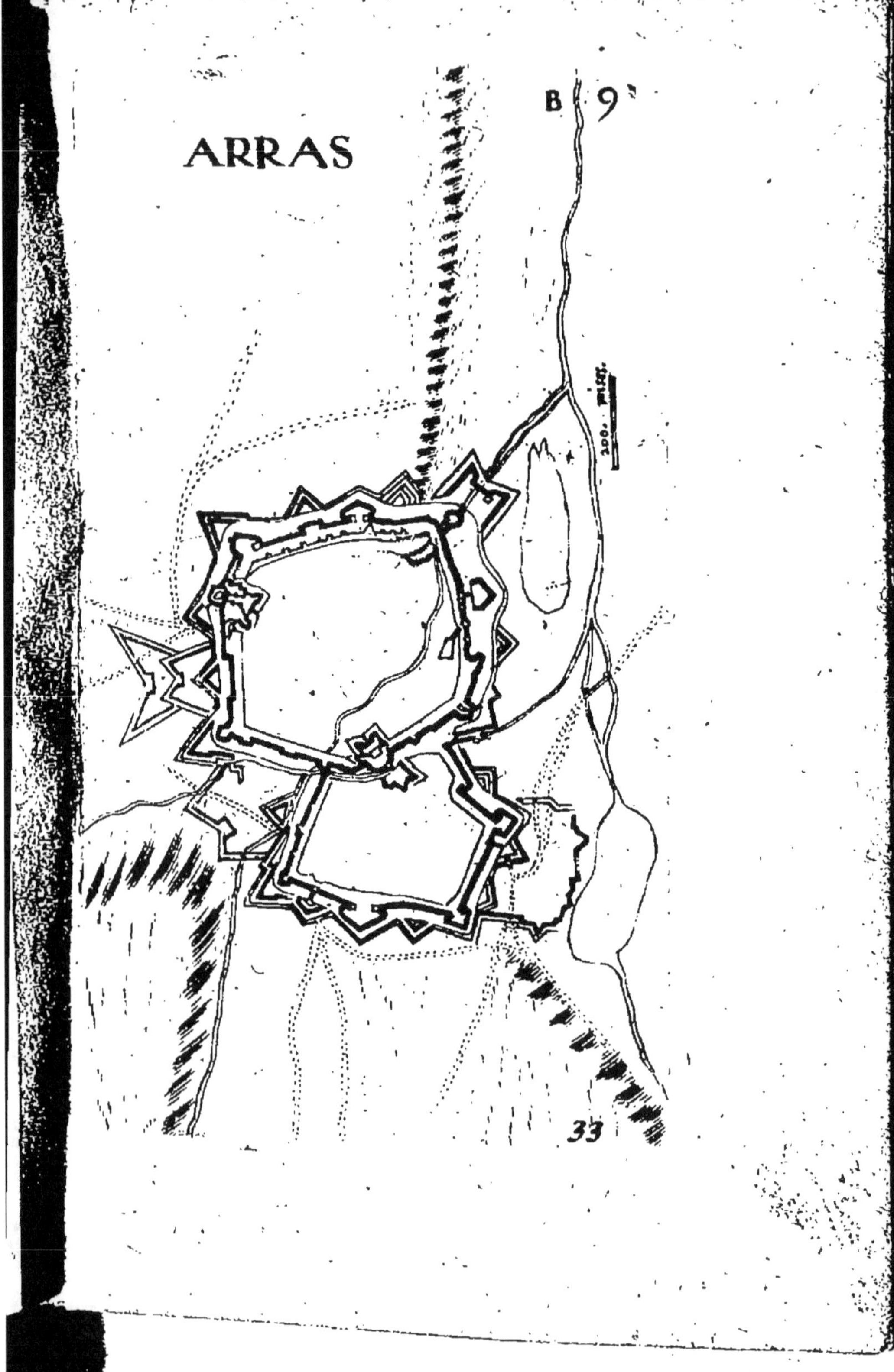
ARRAS
B 9
200.
33

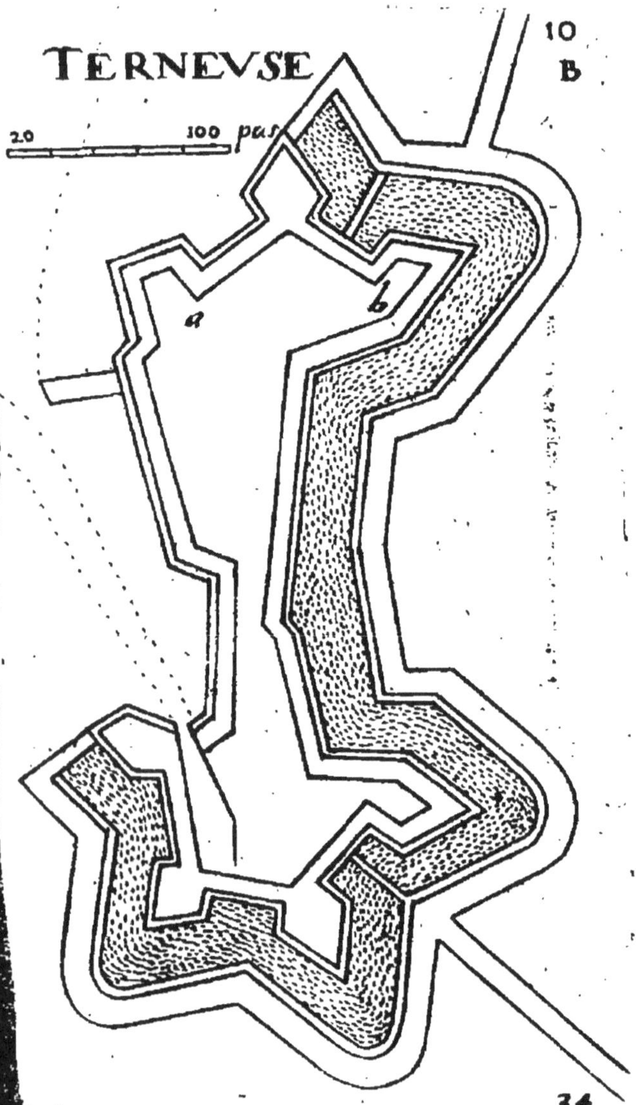

10
B

TERNEVSE

20 100 pas

a

b

34

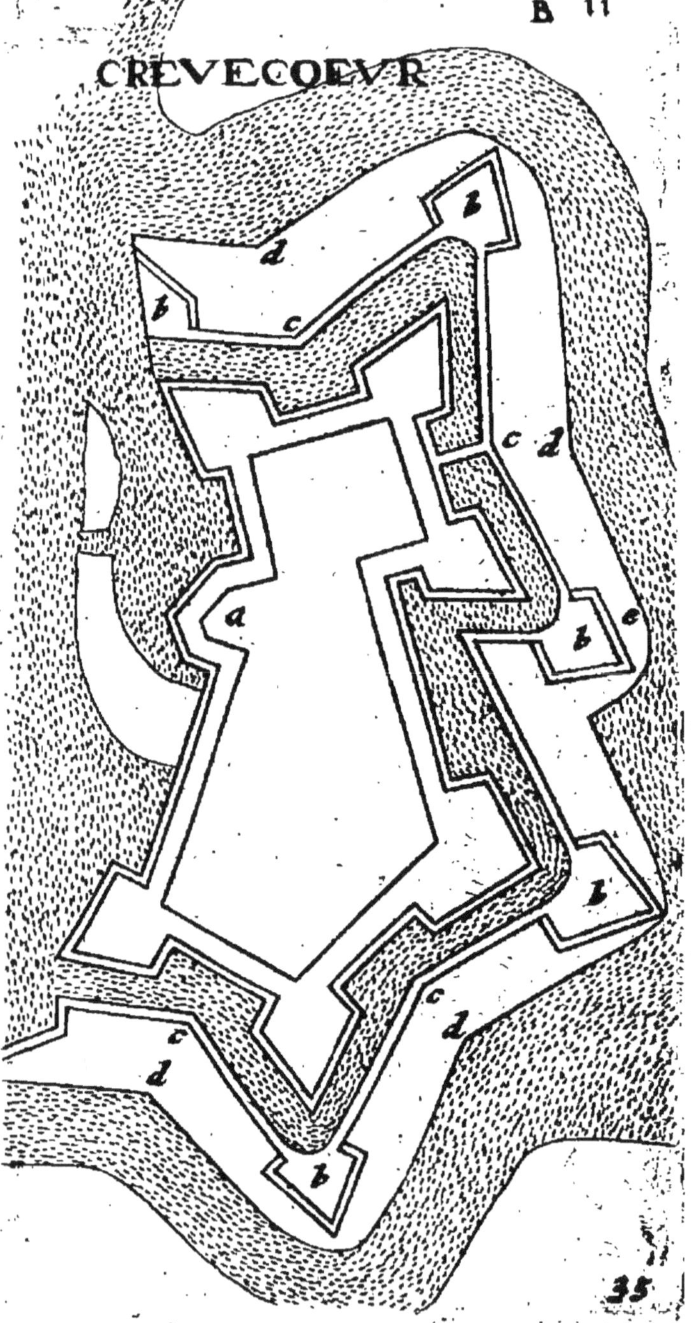
CREVECOEVR
a
b
c
d
e
35

Triangles fortifiés
GOMORRE
36

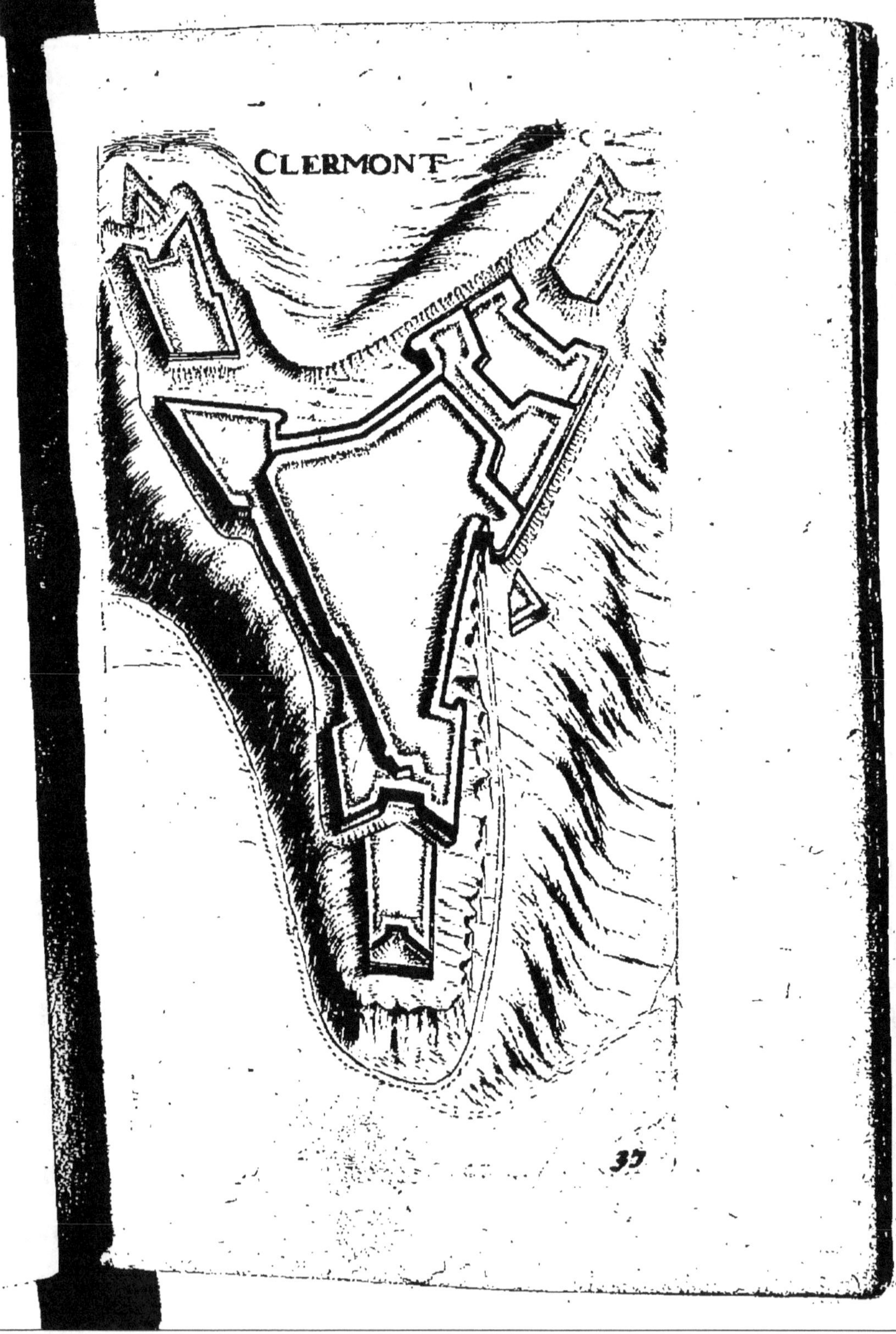
CLERMONT
37

C 3

10 toises
5

A
E D
Mole de
Ligourne
B
E D
C

LE FORT D'EMMERICH

et autres Quarrez berlongs

10 50 verges

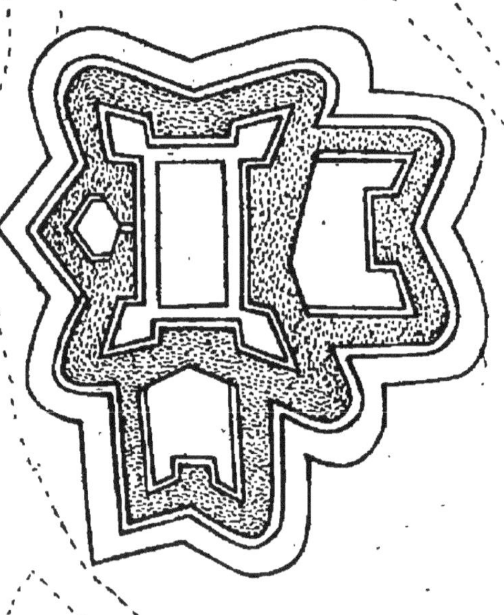

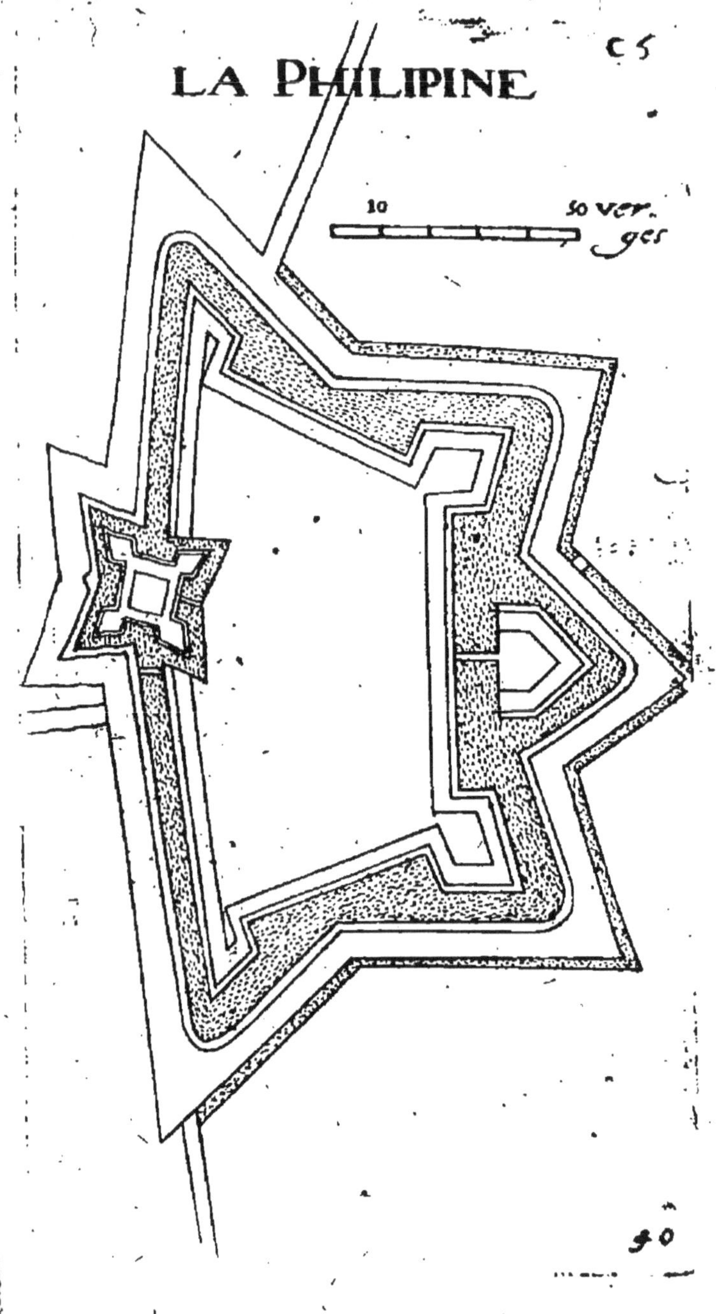
LA PHILIPINE
10
50 verges

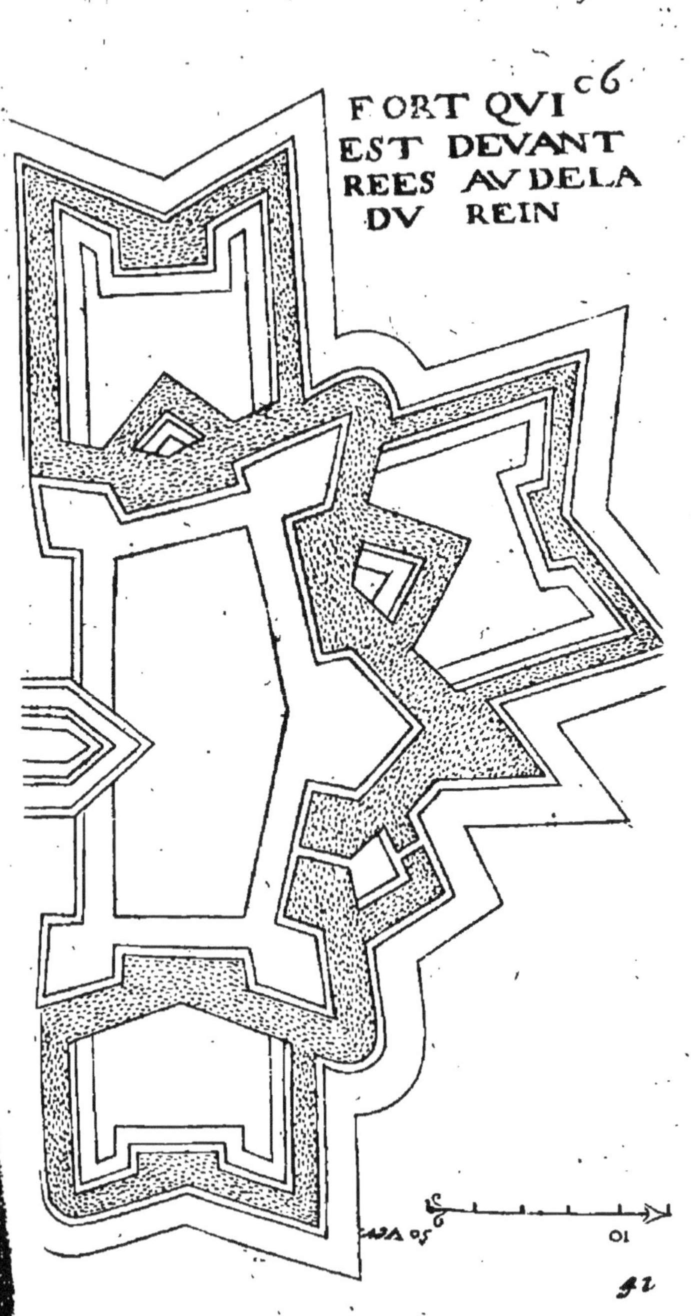
c6
FORT QVI
EST DEVANT
REES AV DELA
DV REIN

c 7

FORT DE HESMER

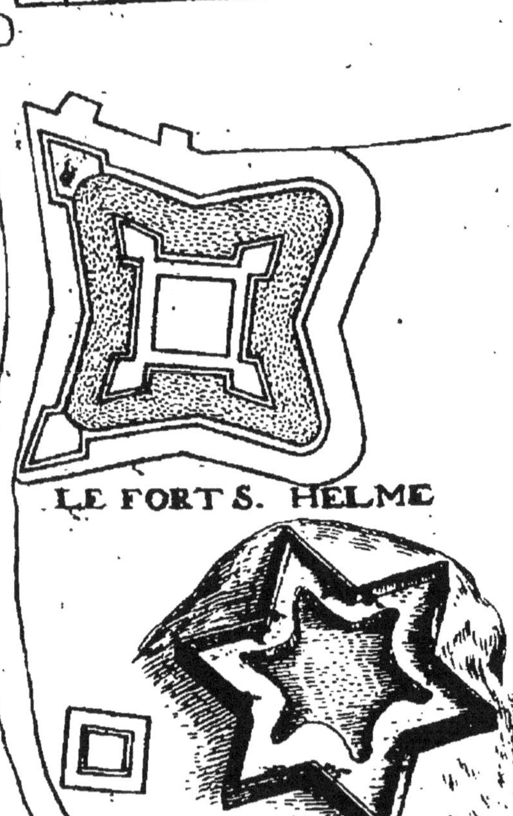

1. Mesures Du Plan Des Fortifications Françoises.

Si la figure est a	3	4	5	6	7	8	9	10	11	12
Le rayon sera de	87	106	127	180	207	236	263	291	319	348
Le coste du poligone	160	150	150	180	180	180	180	180	180	180
La ligne capitale	46	39	47	52	34	35	36	37	38	58
La demie gorge	25	25	25	30	30	30	30	30	30	30
Le flanc	12	25	25	30	30	30	30	30	30	30
Grande ligne de defence	161	171	157	182	180	179	177	176	175	174
Courte ligne de defence	161	171	157	174	147	134	125	119	115	120
Le feu	0	0	0	8	34	48	56	61	63	68
La face	60	68	54	58	56	55	54	53	53	52
La courtine	100	100	100	120	120	120	120	120	120	120
Langle du coste	60	90	108	120	128	135	140	144	147	150
Langle du centre	120	90	72	60	51	45	40	36	32	30
Langle flanque	45	62	80	90	90	90	90	90	90	90

Toises —— 10 ——								110D	2
Si la figure est A	4	5	6	7	8	9	10	11	12
Le rayon aura	84	102	120	138	156	175	194	212	231
Le coste du poligone aura	120	120	120	120	120	120	120	120	120
La ligne capitale	40	38	35	36	37	38	38	38	39
La demie gorge	20	20	20	20	20	20	20	20	20
Le flanc	20	20	20	20	20	20	20	20	20
La grande ligne de deffence	130	126	121	120	119	118	117	116	116
La courte ligne de deffence	130	126	116	98	88	83	80	77	75
Le feu	0	0	5	23	32	36	41	43	45
La face	47	43	39	38	37	36	36	35	35

D 3

Mesures du Plan des Fortifications Hollandoises.

Si la figure est a	4 (ve. pi. po.)	5	6	7	8	9	10	11	12
Le petit rayon aura	75·2·3	96·4·8	117·2·9	138·4·7	160·3·0	182·3·4	204·5·0	227·1·11	250·3·10
Le grand rayon	112·2·3	138·1·5	160·4·2	183·3·2	206·3·5	229·4·0	253·0·0	276·2·0	300·2·5
La ligne capitale	37·0·0	41·2·3	43·1·5	44·4·7	46·0·5	47·1·2	48·1·0	49·0·1	49·4·7
Le costé du poligone	106·3·8	113·4·6	117·2·10	120·4·6	122·5·0	124·5·2	126·3·8	128·0·6	129·4·6
La demie gorge	17·1·10	20·5·3	22·4·5	24·1·3	25·2·6	26·2·7	27·1·10	28·0·5	28·5·3
Le flanc	14·3·1	17·3·5	19·0·5	20·1·11	21·2·0	22·1·1	22·5·5	23·3·2	24·0·5
La courte ligne de deffence	101·0·7	100·2·11	97·5·0	96·4·4	96·1·4	96·0·3	96·0·0	96·0·4	96·0·10
La grande ligne de deffence	135·1·11	142·0·[illegible]	144·0·2	145·3·3	146·4·8	147·4·11	148·4·3	148·2·10	150·3·0
Le feu	17·4·11	22·3·2	25·5·9	27·4·4	28·4·6	29·2·4	29·2·4	30·0·7	30·0·10
De la poincte d'une bastion a l'autre	158·5·7	162·3·0	160·4·2	159·1·6	158·0·7	157·0·5	157·0·10	155·4·3	155·3·0

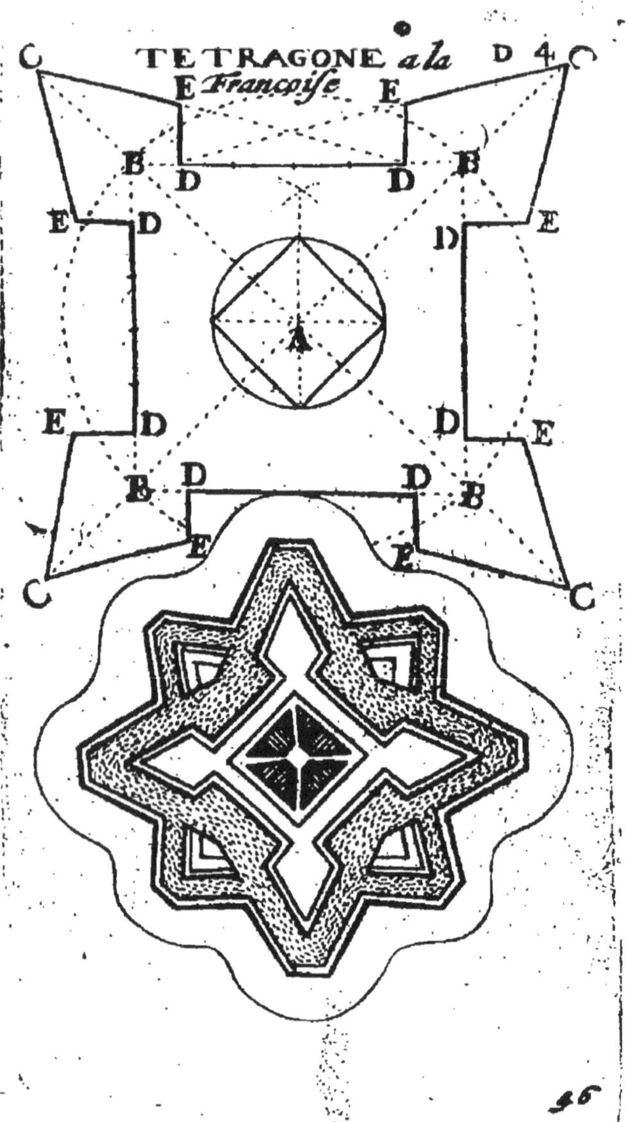
TETRAGONE a la Françoise
A
B
C
D
E
4

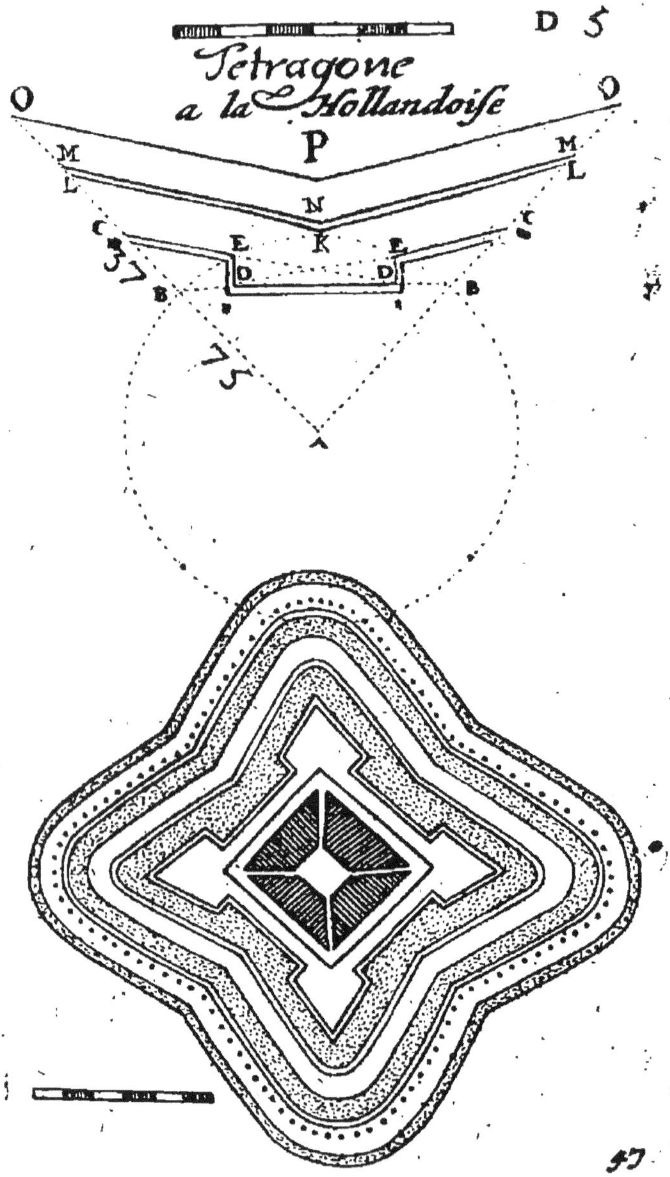

D 5

Tetragone a la Hollandoise

O P O
M M
L N L
C E K E C
D D
B B
A

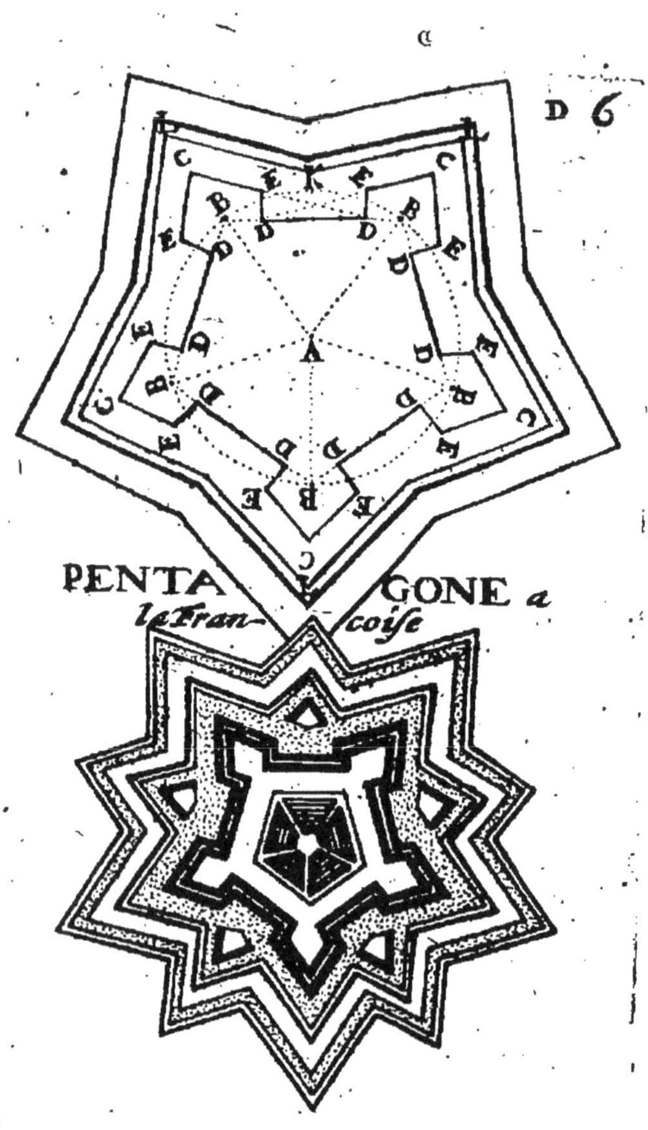

PENTAGONE a la Francoise

Pentagone a la Hollandoise

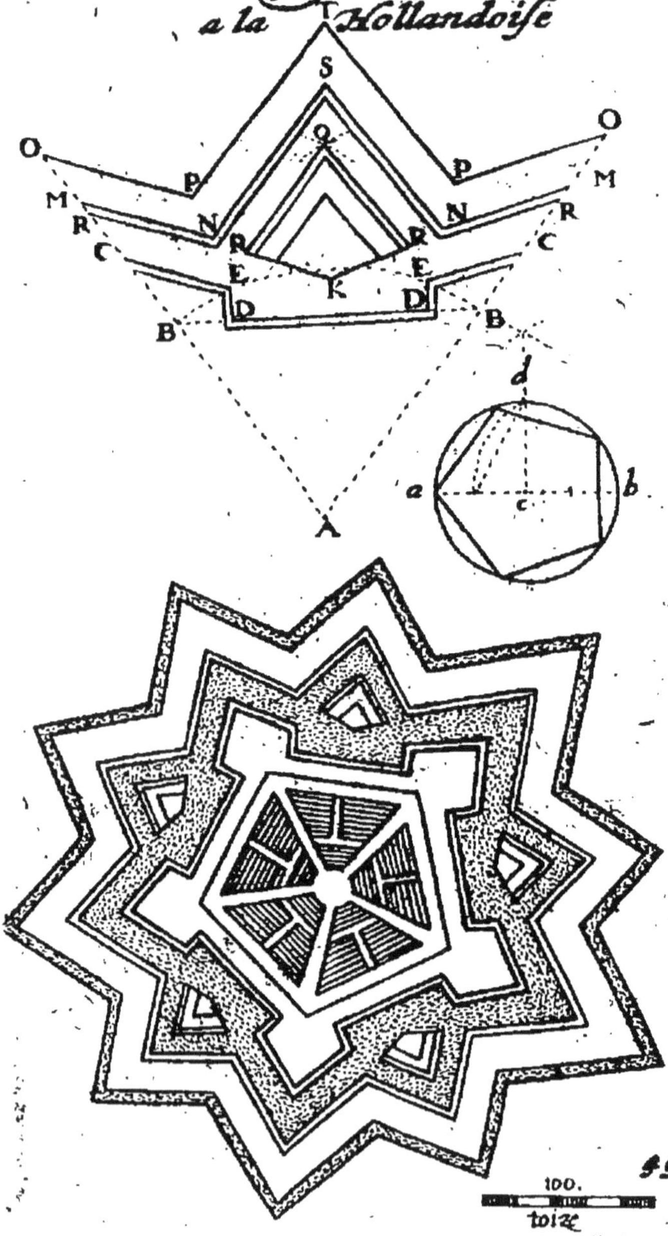

49

100.

toize

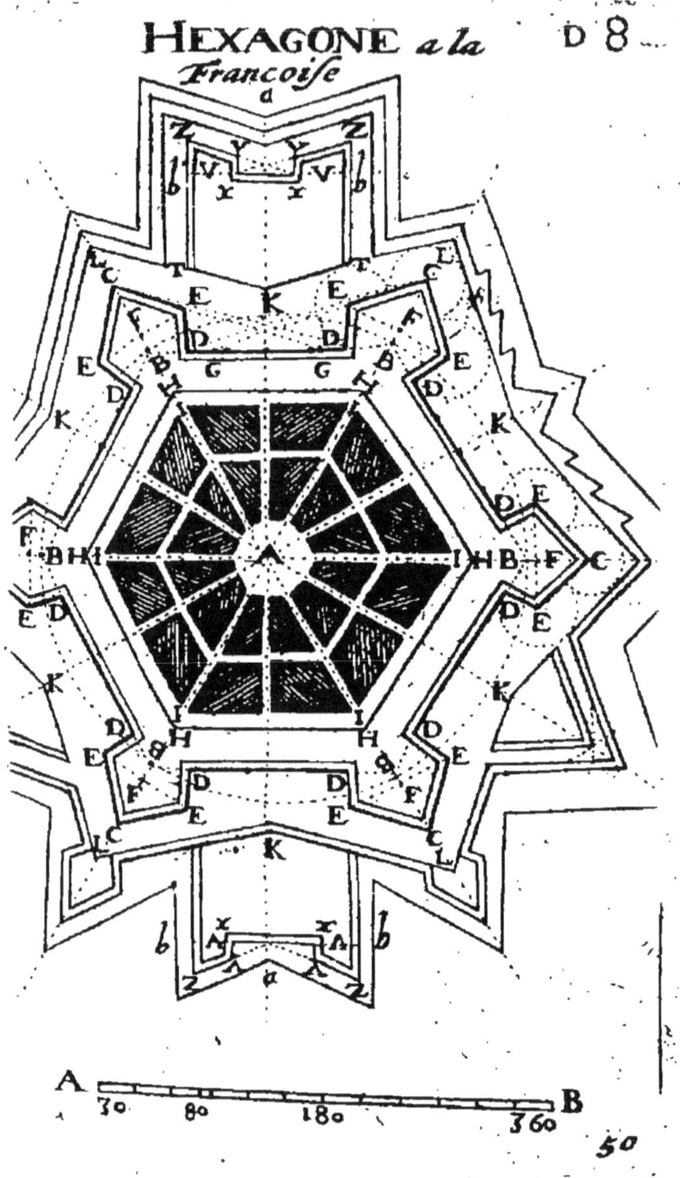
HEXAGONE a la Francoise
D 8
A
70
80
180
360
B
50

Hexagone a la Hollandoise

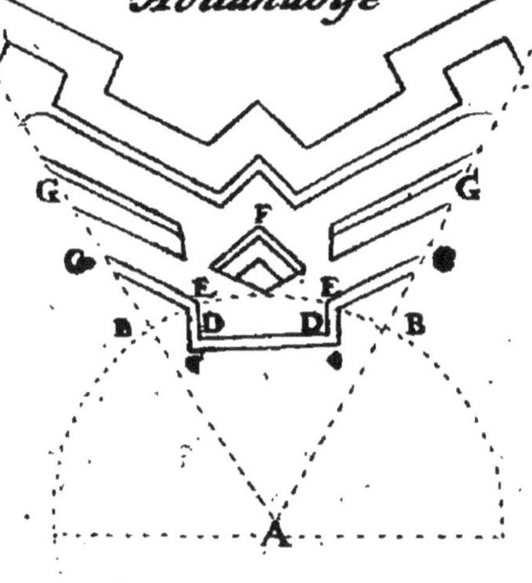

EPTAGONE *a la Hollandoise*

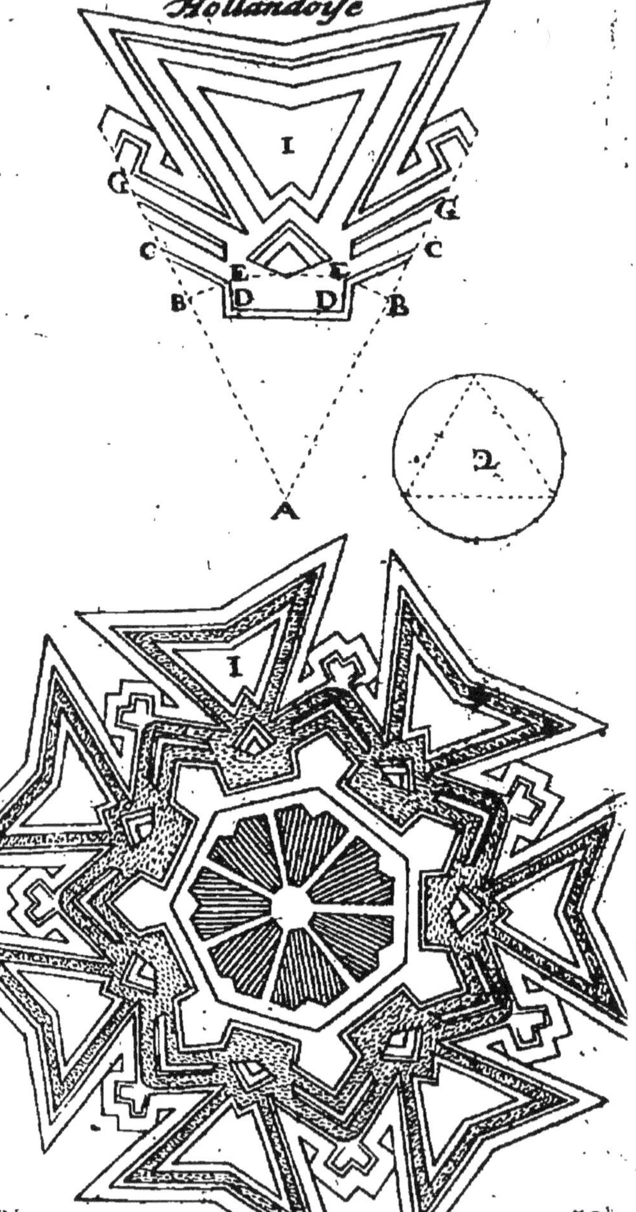

Octogone

ENNEAGONE

D 12

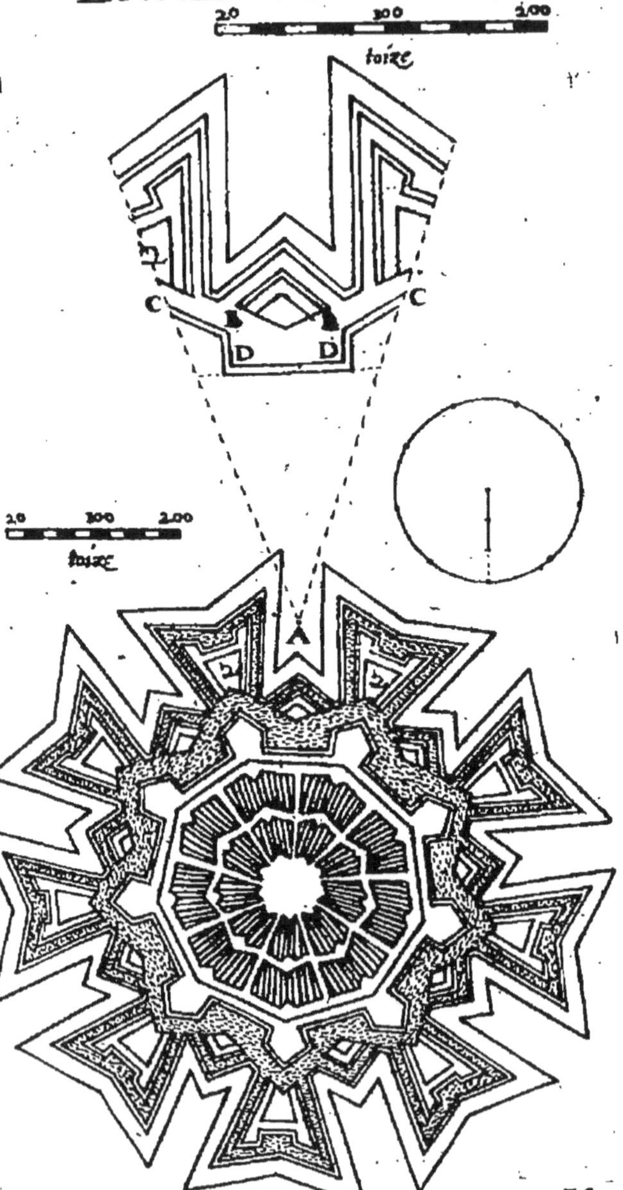

D 13

Decagone

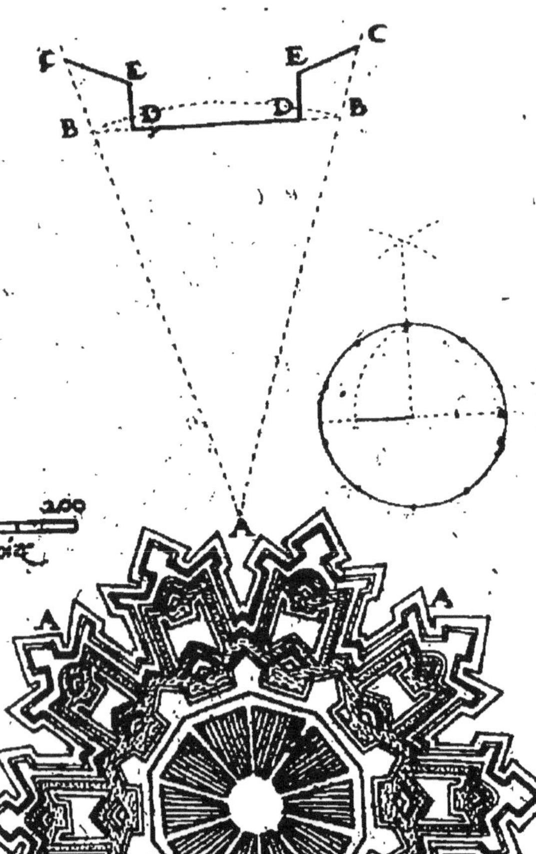

ENDECAGONE

D 14

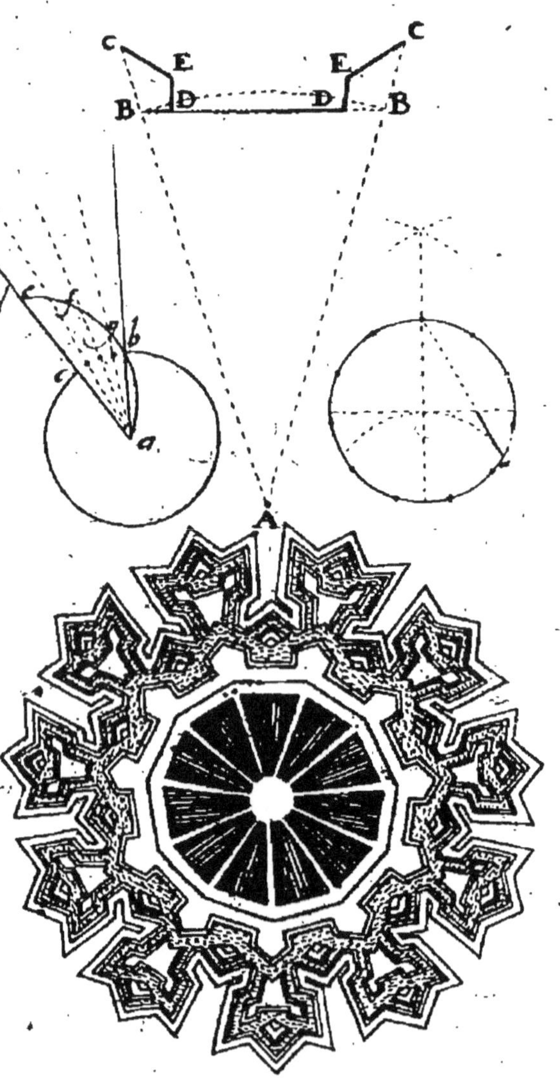

DODECAGONE

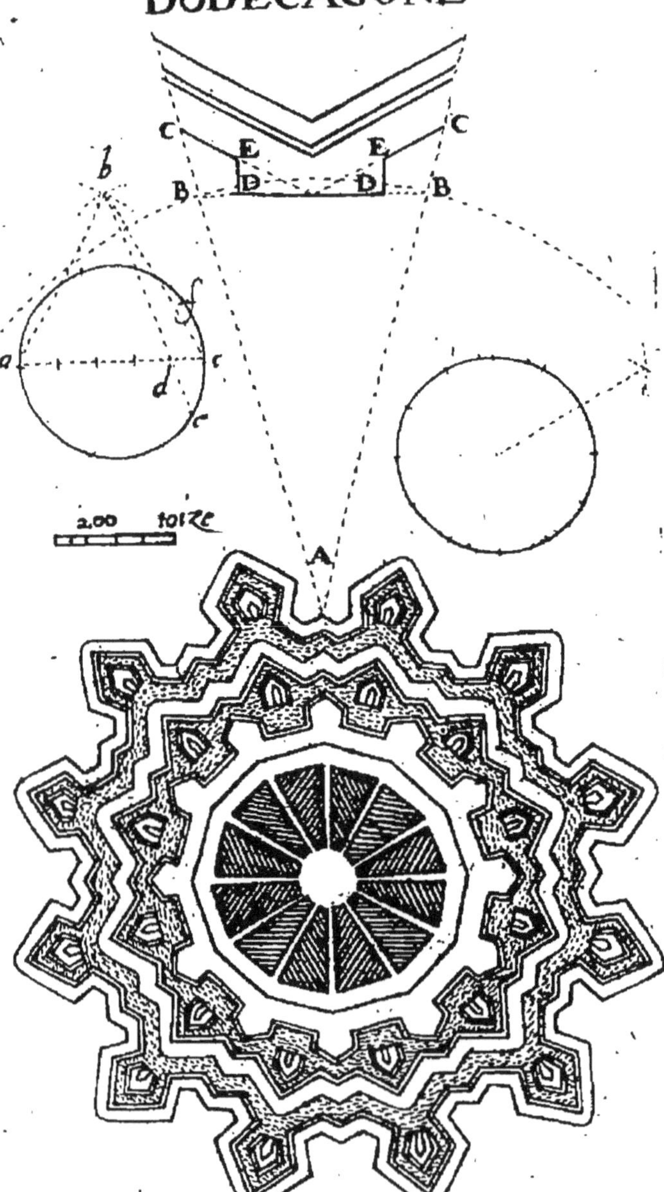

Ouurage Dentelé
qui se peut faire par-
tout quand le lieu,
le temps et l'argent
le permet.
e
c
b
c
e
a
i
d
e
b
d
i
58

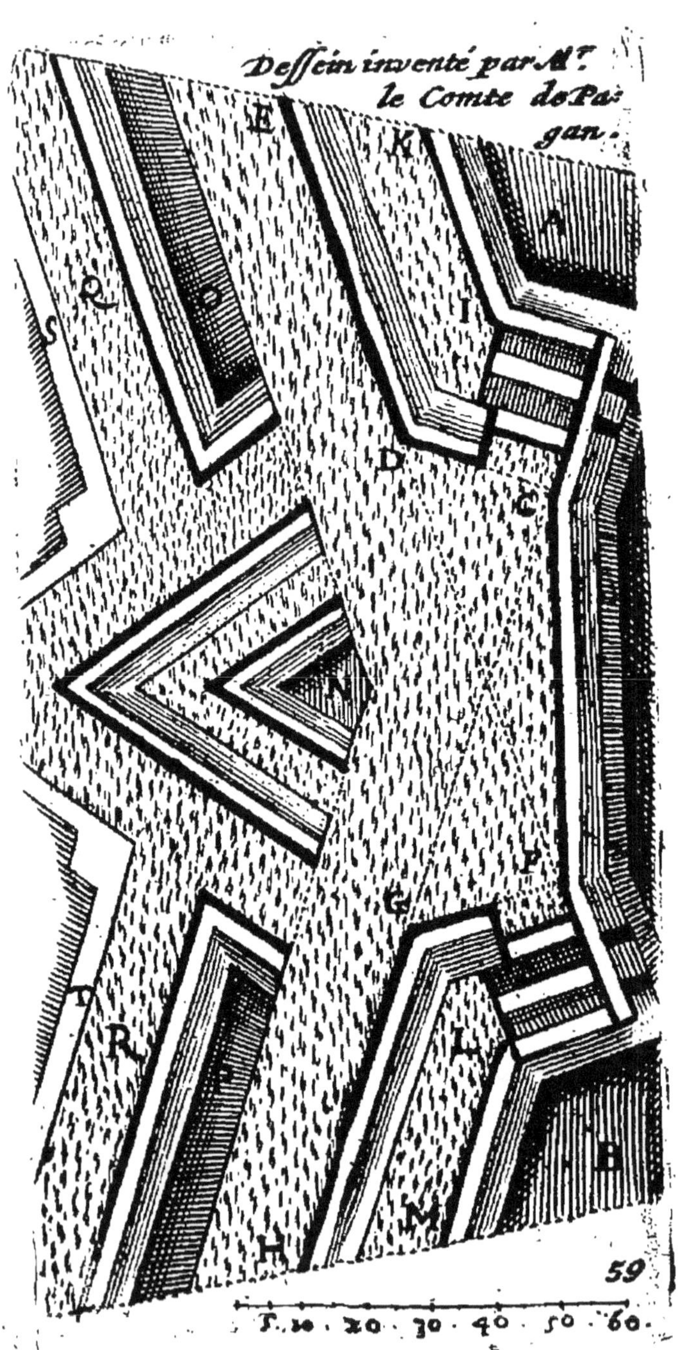
Dessein inventé par Mr.
le Comte de Pa-
gan.
E
K
A
Q
S
O
I
D
C
N
P
G
T
R
L
B
M
H
T. 10 . 20 . 30 . 40 . 50 . 60 .

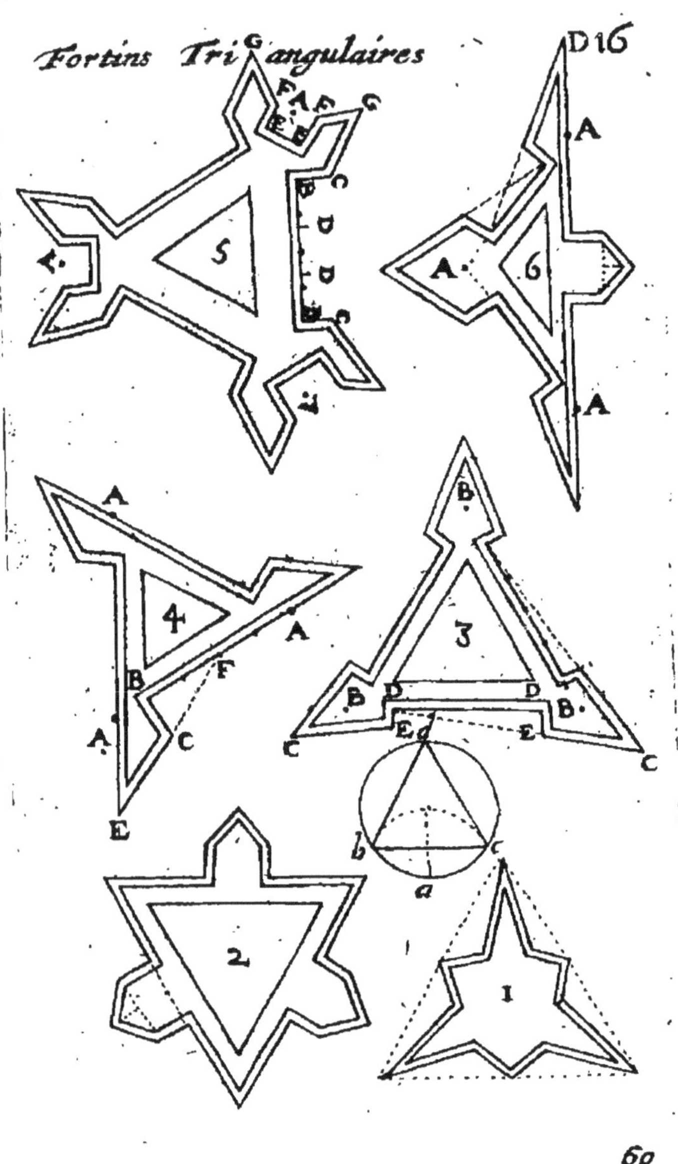
Fortins Triangulaires
D 16
1
2
3
4
5
6

Esleuation d'un Fortin D 17

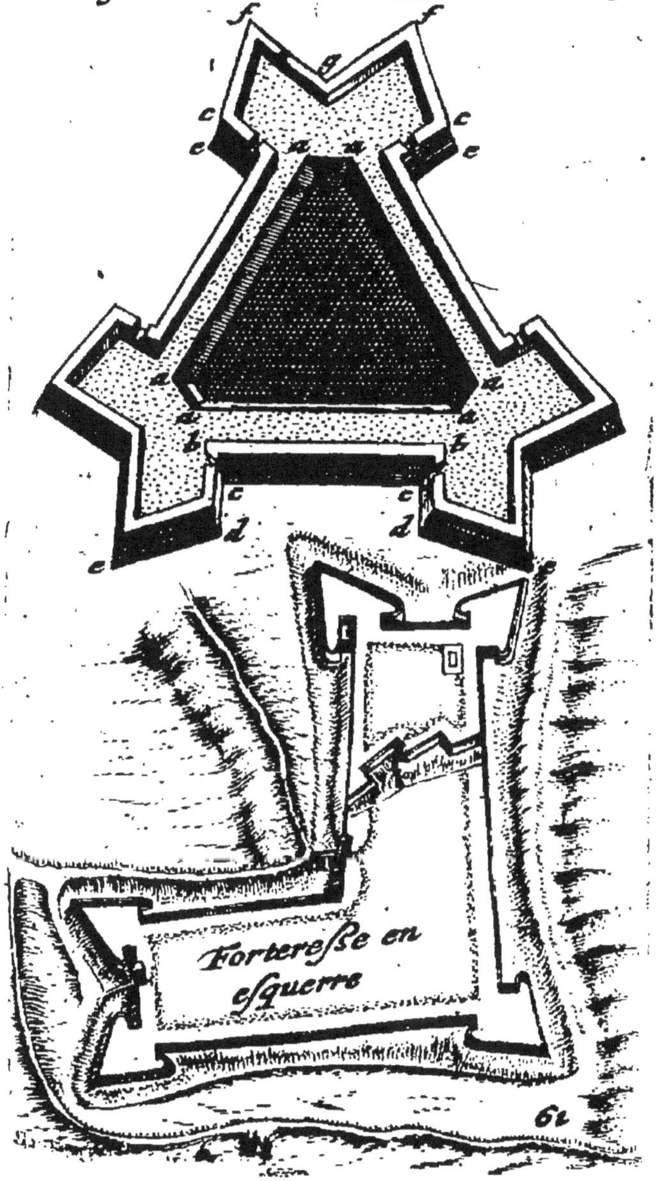

Forteresse en esquerre

61

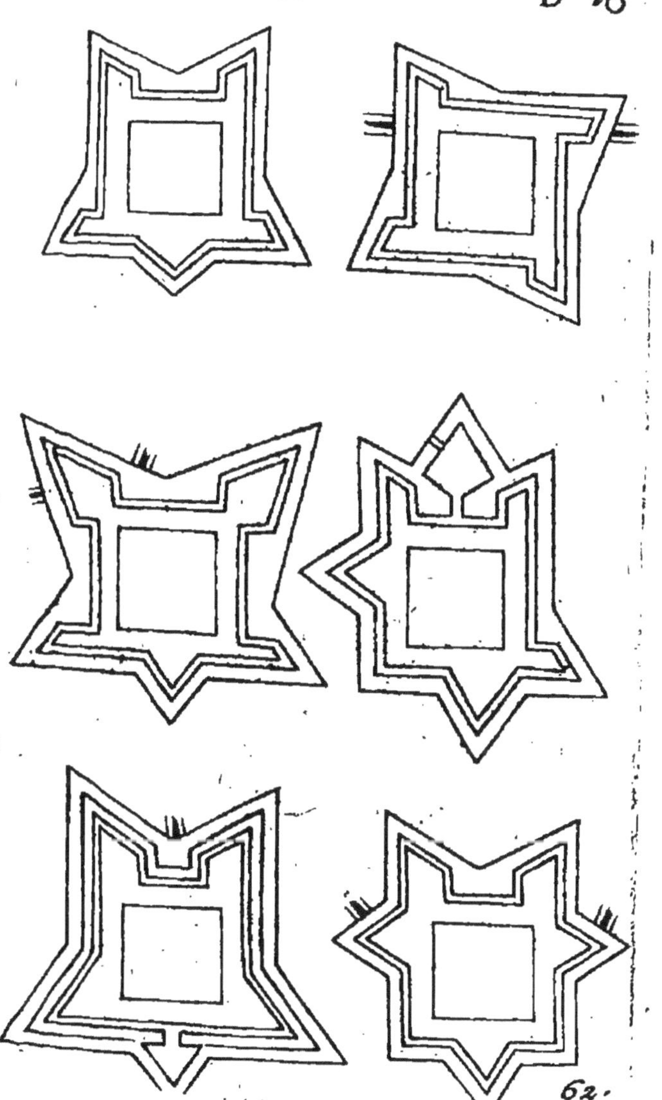

62.

63

Esleuation d'un Fort
En Estoille
Fort Accorné

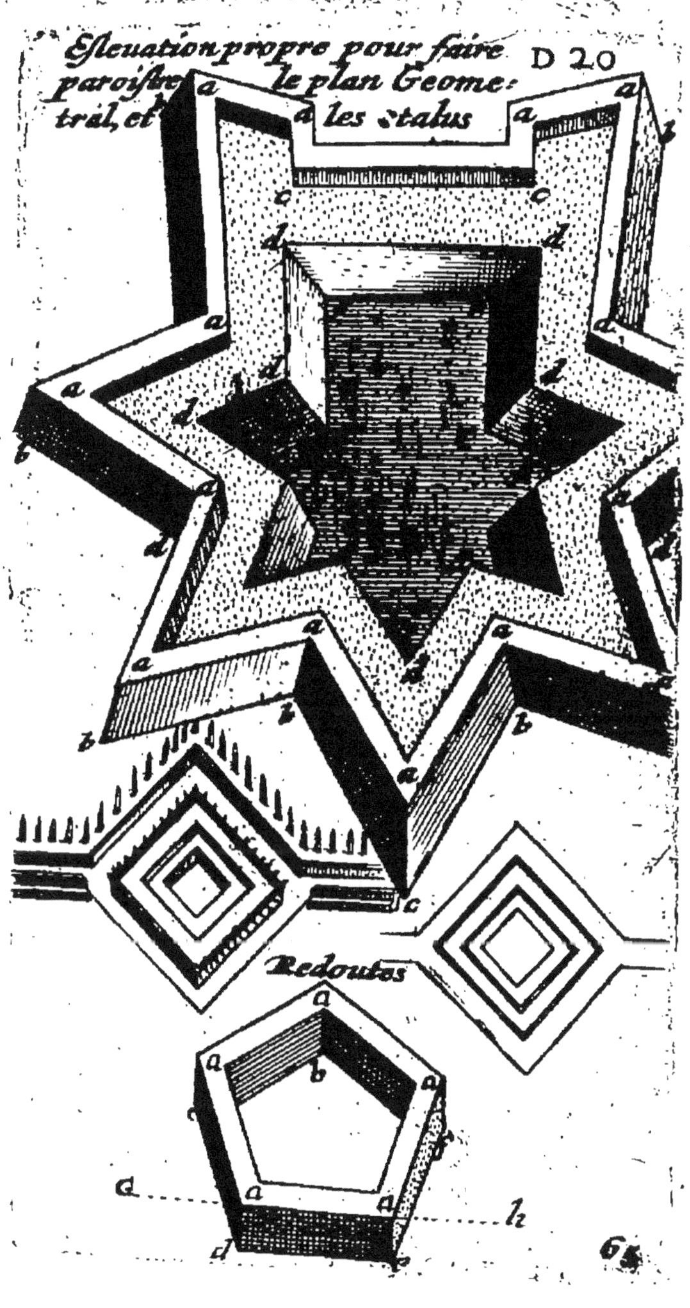
Esleuation propre pour faire paroistre le plan Geometral, et les talus
D 20
Redoutes
65

Perſpectiue qui ſuppoſe L'Oeil infini: ment eſleue' doict ſur le centre de la place.

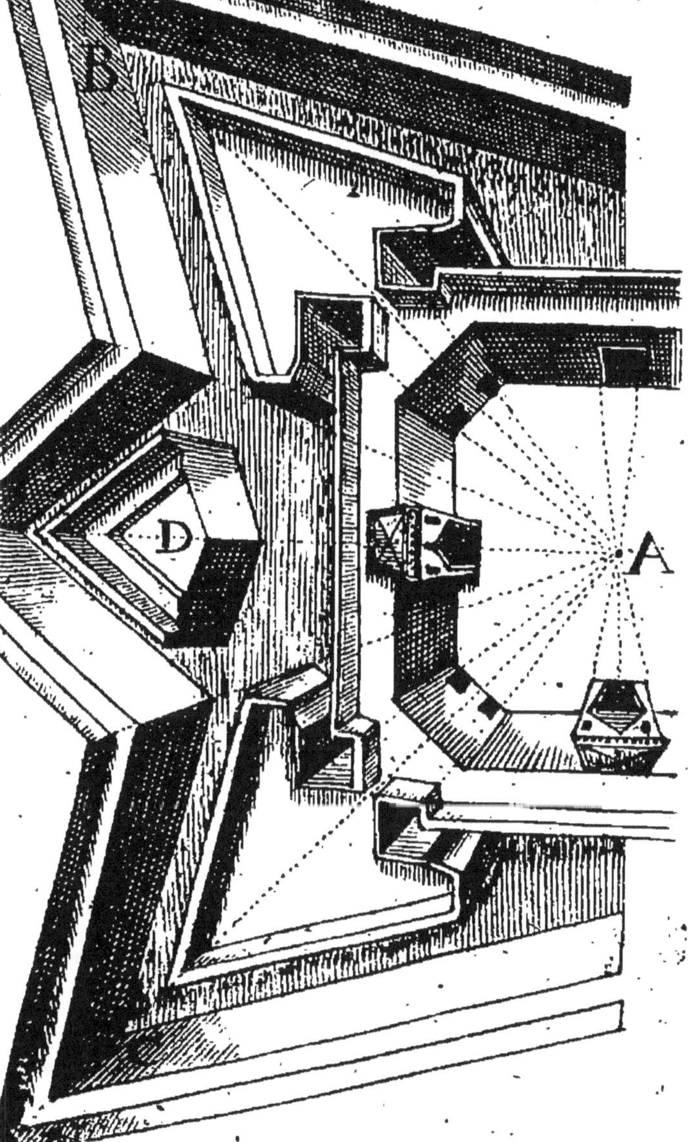

Anciene ville enuironnee de tours, proposee a fortifier D 21

4

2

1

3

p

120

106

90

300

420

120

180

124

100

109

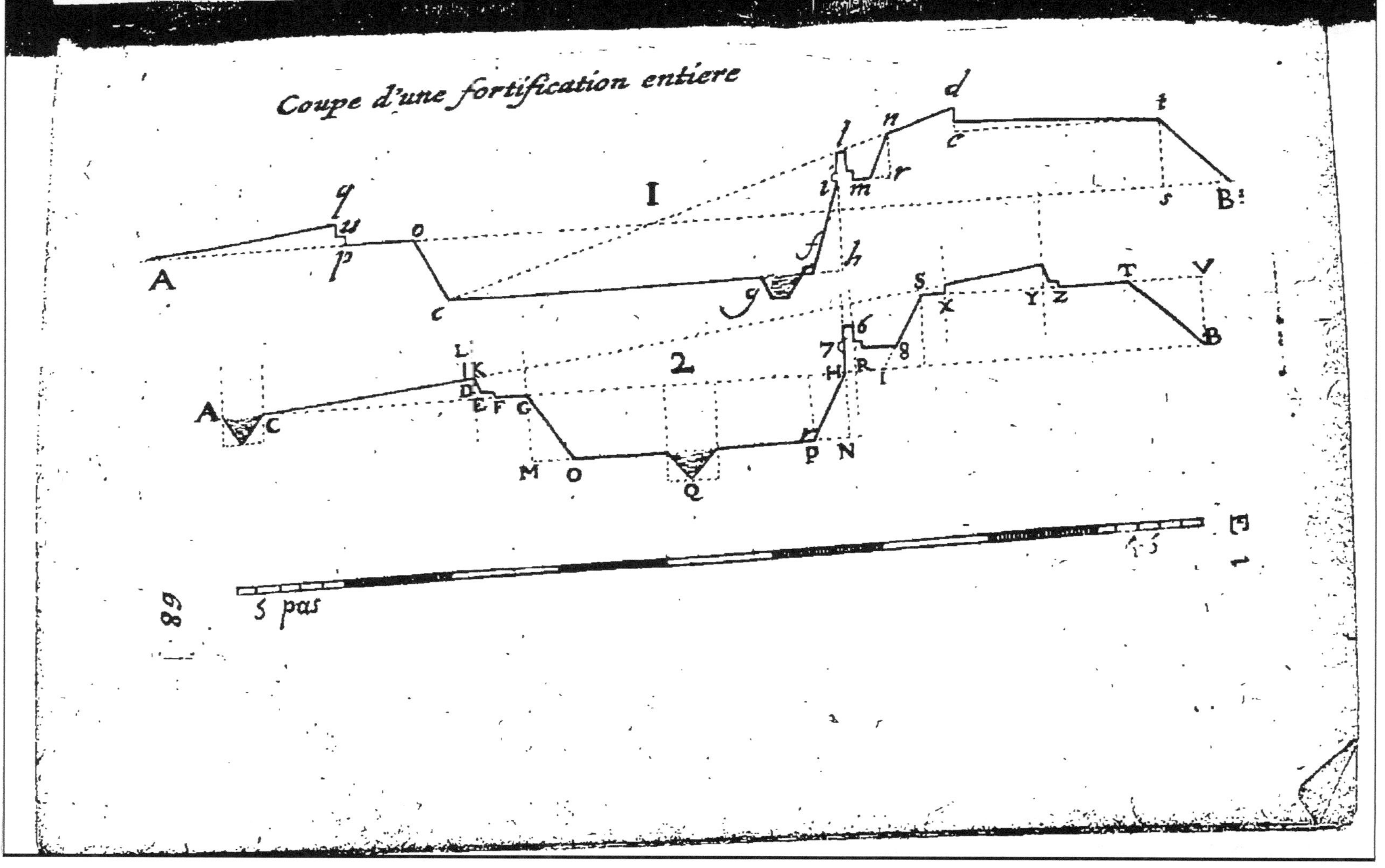
Coupe d'une fortification entiere
I
2
5 pas
68

Perſpectiue d'une fortification entierre

E 2

Diuerſes ſortes d'embrazures

Plan d'un baſtion retranché

Coupe d'un dehors de porte
a
b
c
d
e
f
g
h
70

Perspectiue ou Representation d'un chemin couuert A B. auec sa Banquette B C. et son esplanade D. E.

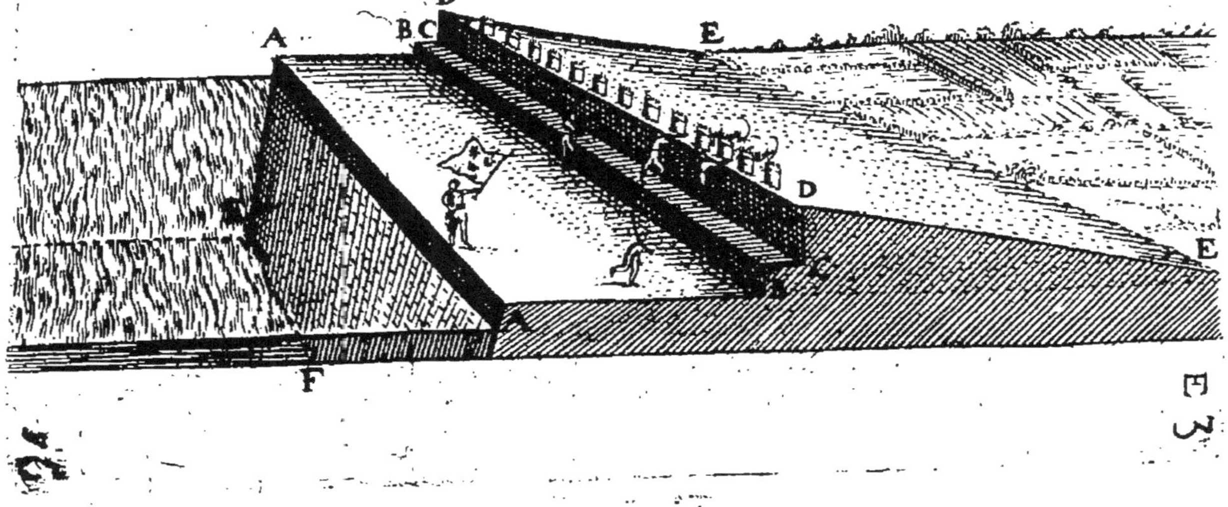

A B C D E D E A F

E 3

Representation d'un Rampar A L. auec sa banquette B C. Parapet B E, hauteur E F. Faußebraye F G. auec son Parapet · G L

Parapets et Embrasures diuerses façons

Embrasures a Redans

Embrasures de Gabions

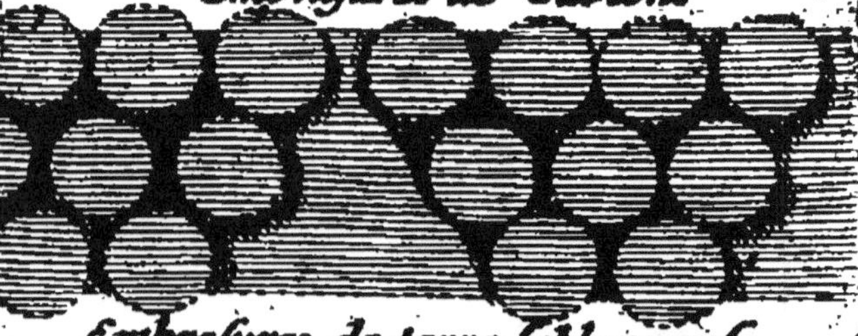

Embrasures de terre sablonneuse

Parapet des Rondes fait d'une haye vifue

74

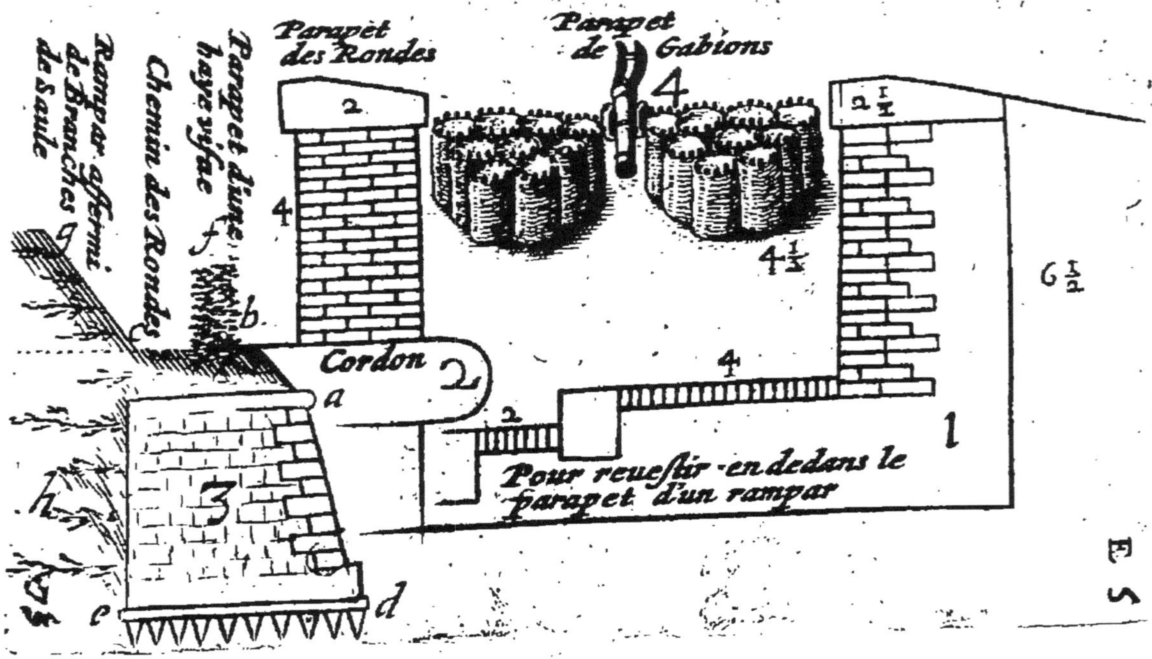

Parapet des Rondes

Parapet de Gabions

2 4 2 ½ 4 ½ 4 6 ½

Parapet d'une haye vifue

Chemin des Rondes

Rampar affermi de Branches de Saule

Cordon 2

a b c d f g h

3 2 1

Pour reuestir en dedans le parapet d'un rampar

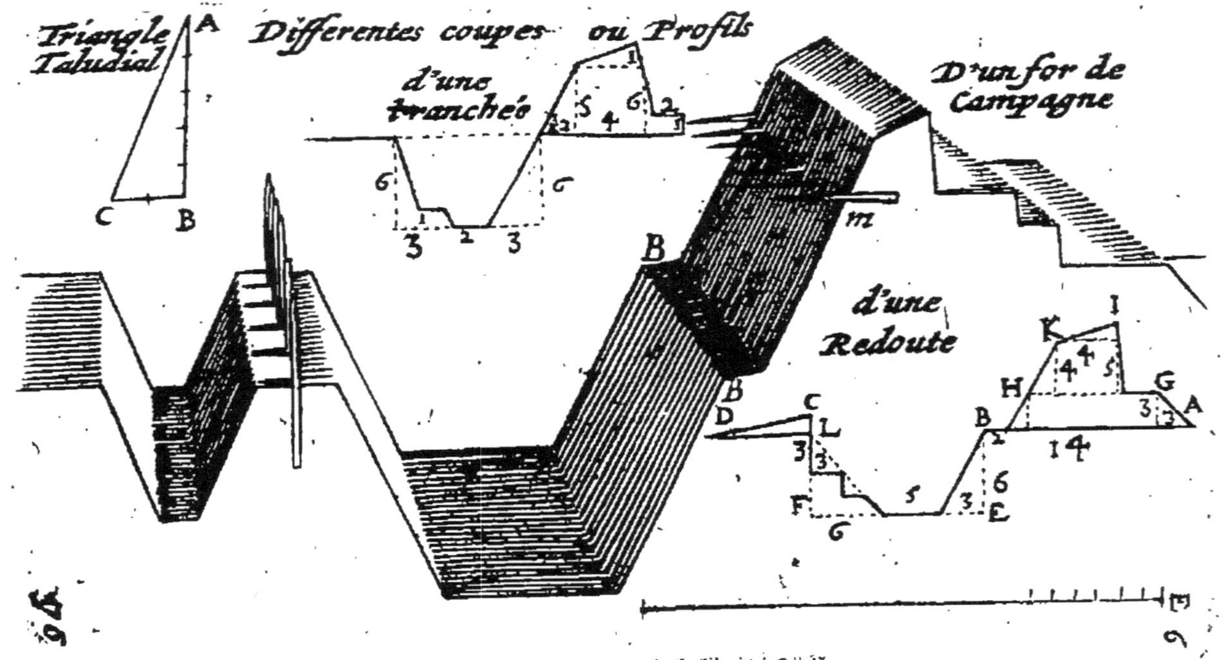

Differentes coupes ou Profils

Triangle Taludial

d'une tranchée

D'un for de Campagne

d'une Redoute

A B C D E F G H I K L m

E. 1

Ouurage a Corne auec son chemin couuert

0 — 36 verges

77

Ouurage a Corne auec double E. 2
contrescarpe et chemins couuerts

Ouurage a Corne Retranché F3

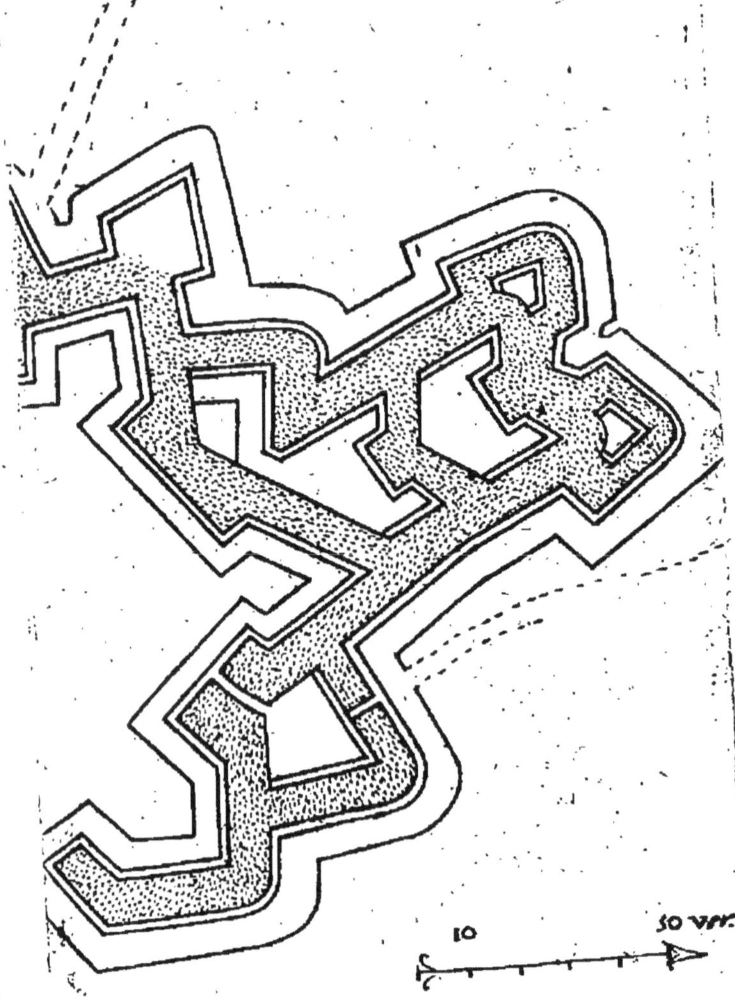

10 30 ver.

Ouurage a Corne flanqué pour la trop grande longeur de ses branches

F 4

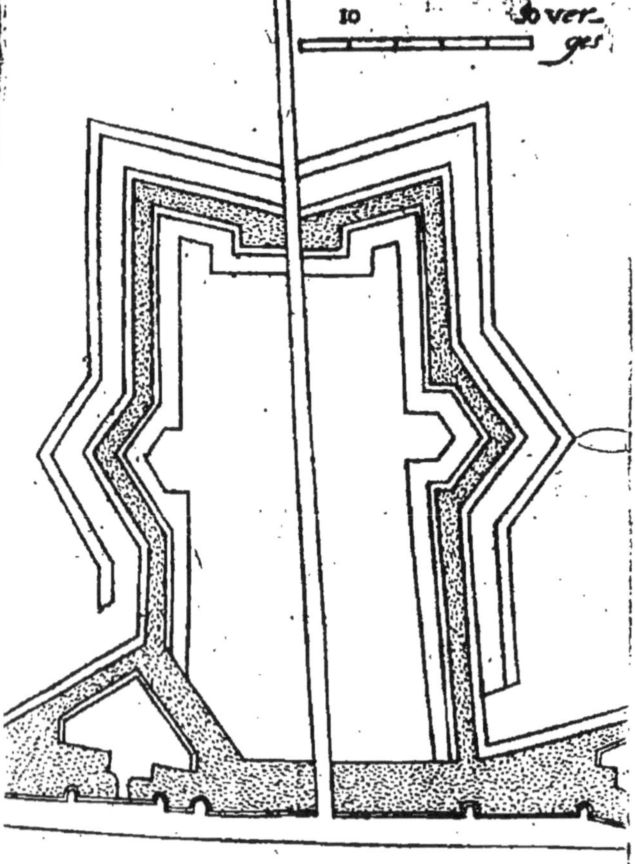

10 30 verges

Autres Ouurages F 5

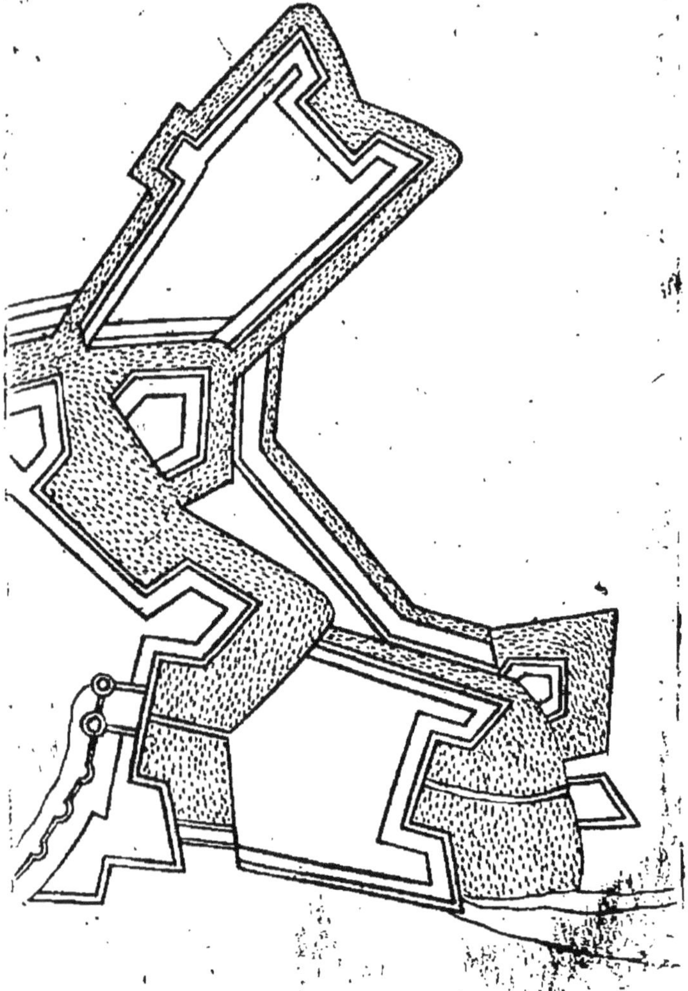

E 6.
Esleuation de
diuers ouurages
82

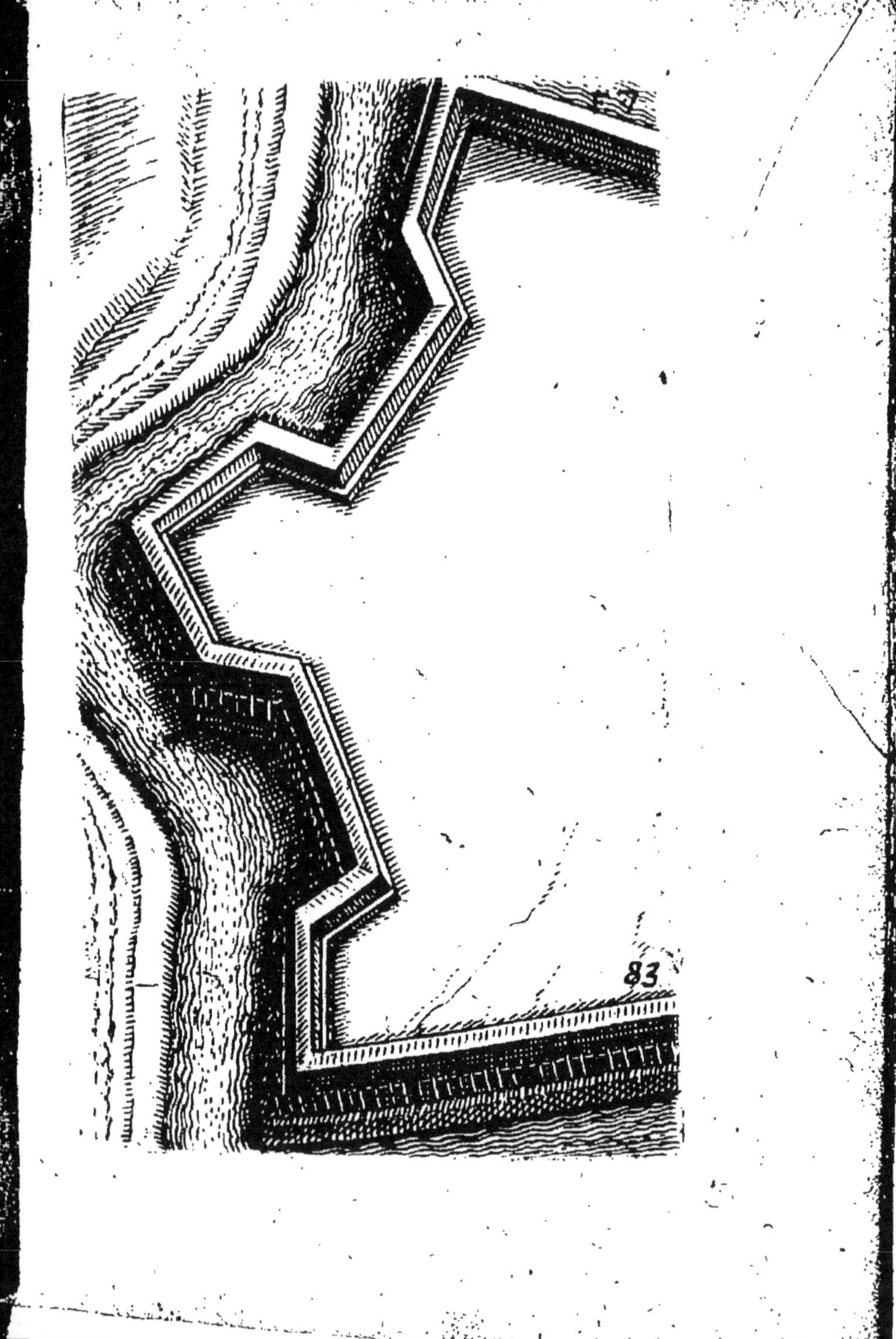
83

F 8
84

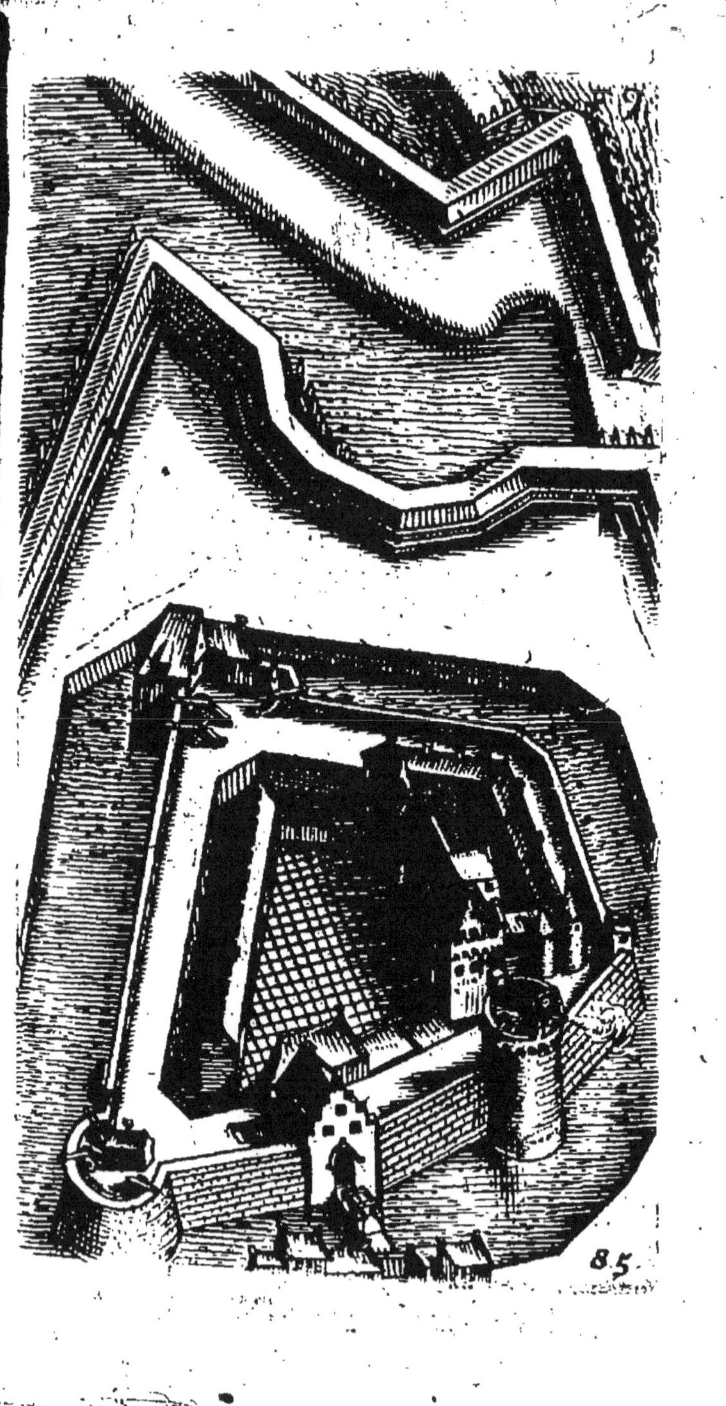
85

Demie Lune complette veue de F 10
dedans la place

a

86

F 11
Autre veue de Costé

F12
b
Poterne pour
visiter le fossé
a
a
a
88

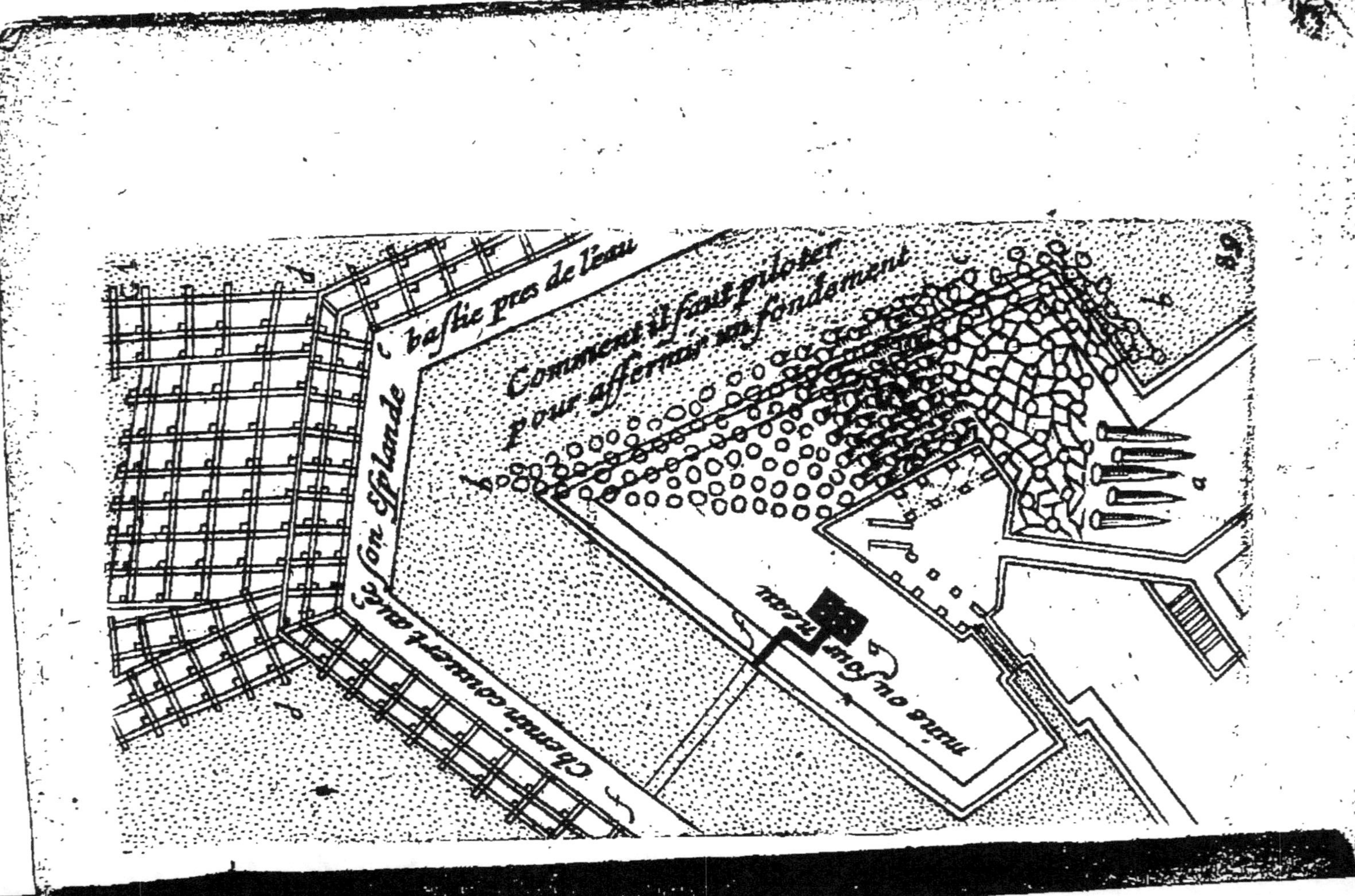
Chemin couvert avec son Esplande
bastie pres de l'eau
Comment il faut piloter
pour affermir un fondement
mine ou fourneau
89

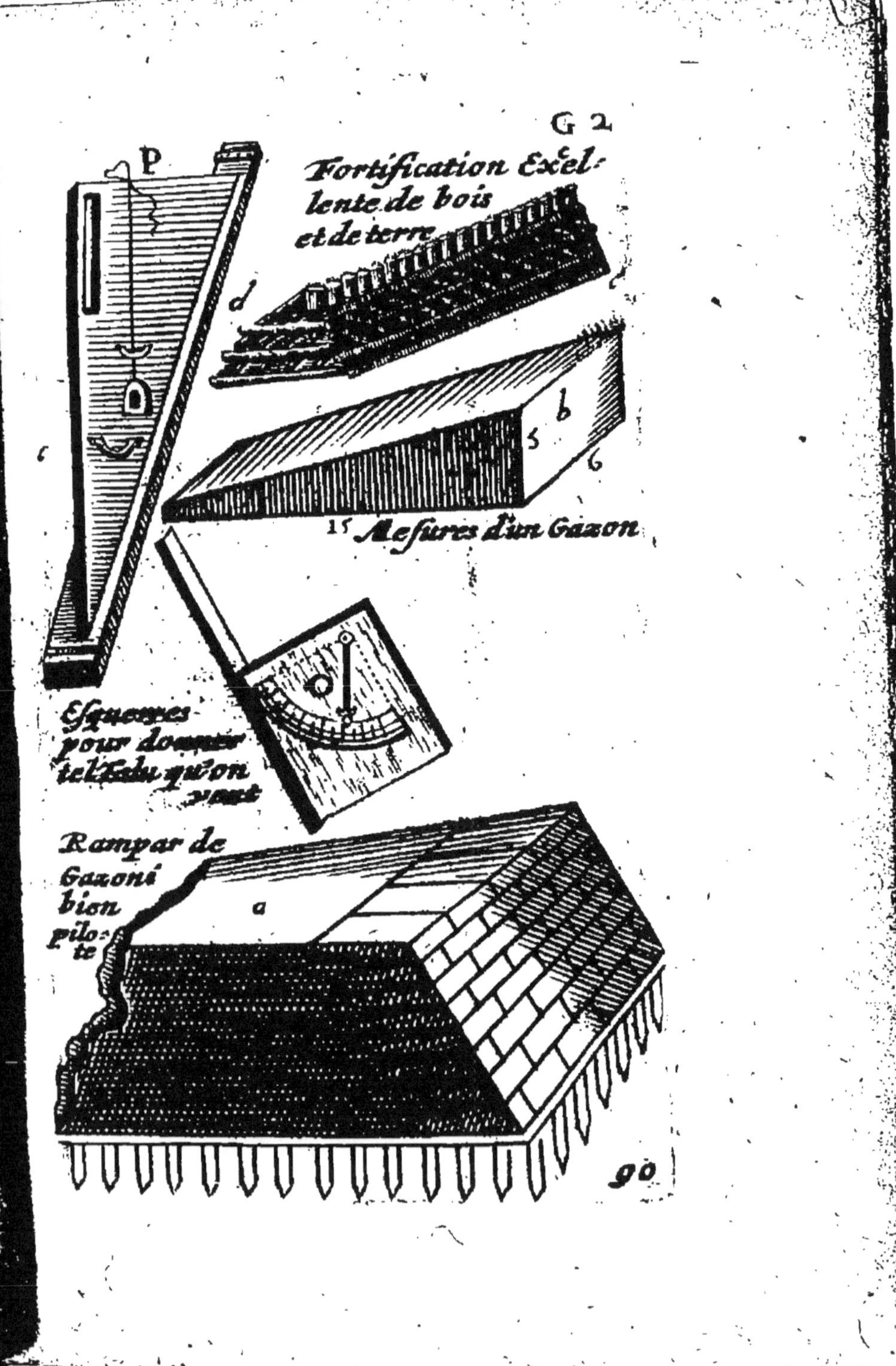
G 2
P
Fortification Excellente de bois et de terre
d
c
b
5
6
c
15 Mesures d'un Gazon
Esquerres pour donner tel talu qu'on veut
Rampar de Gazoné bien piloté
a
90

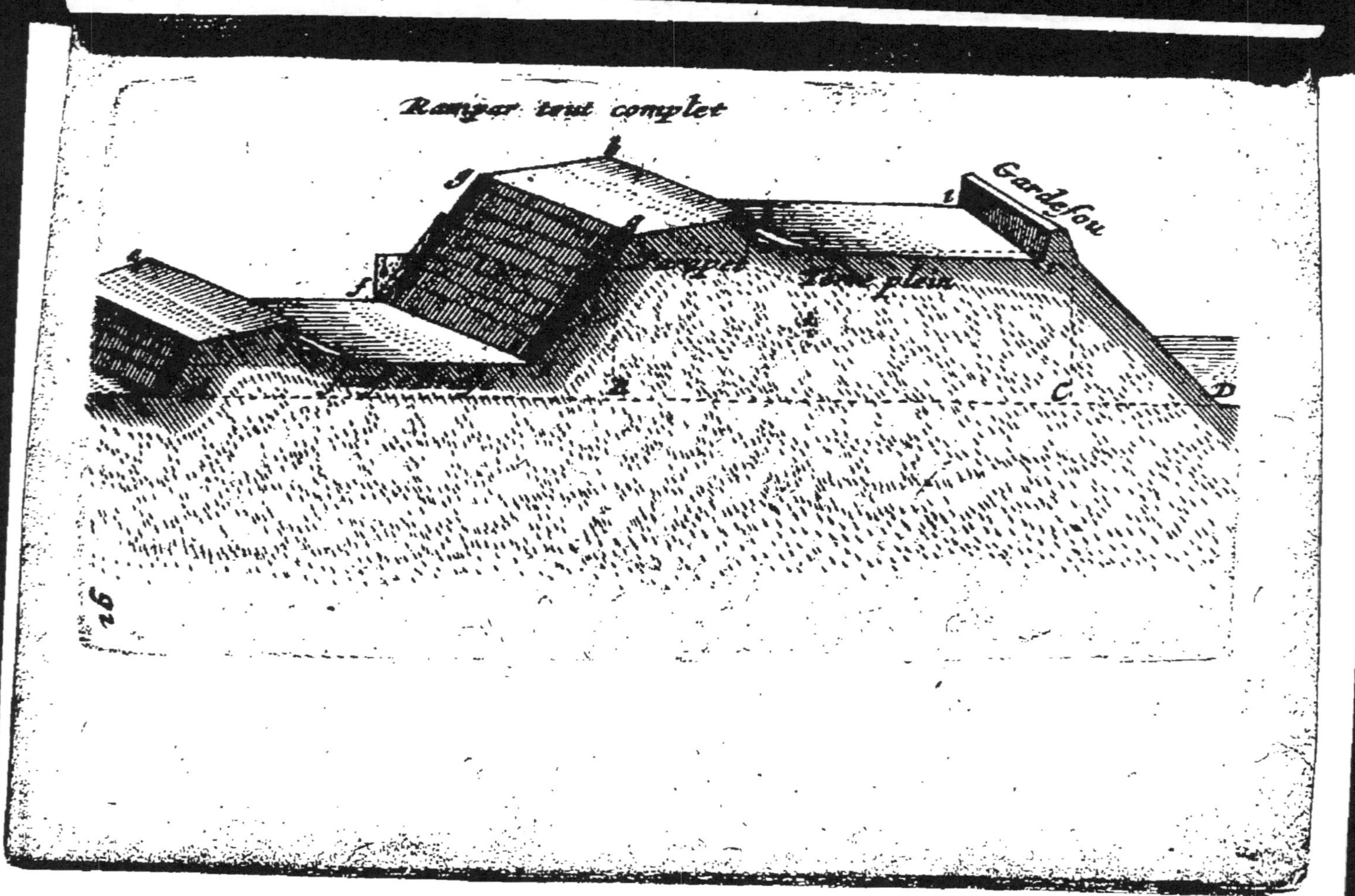
Rampar tout complet
Gardefou
C
D

Chandeliers

92

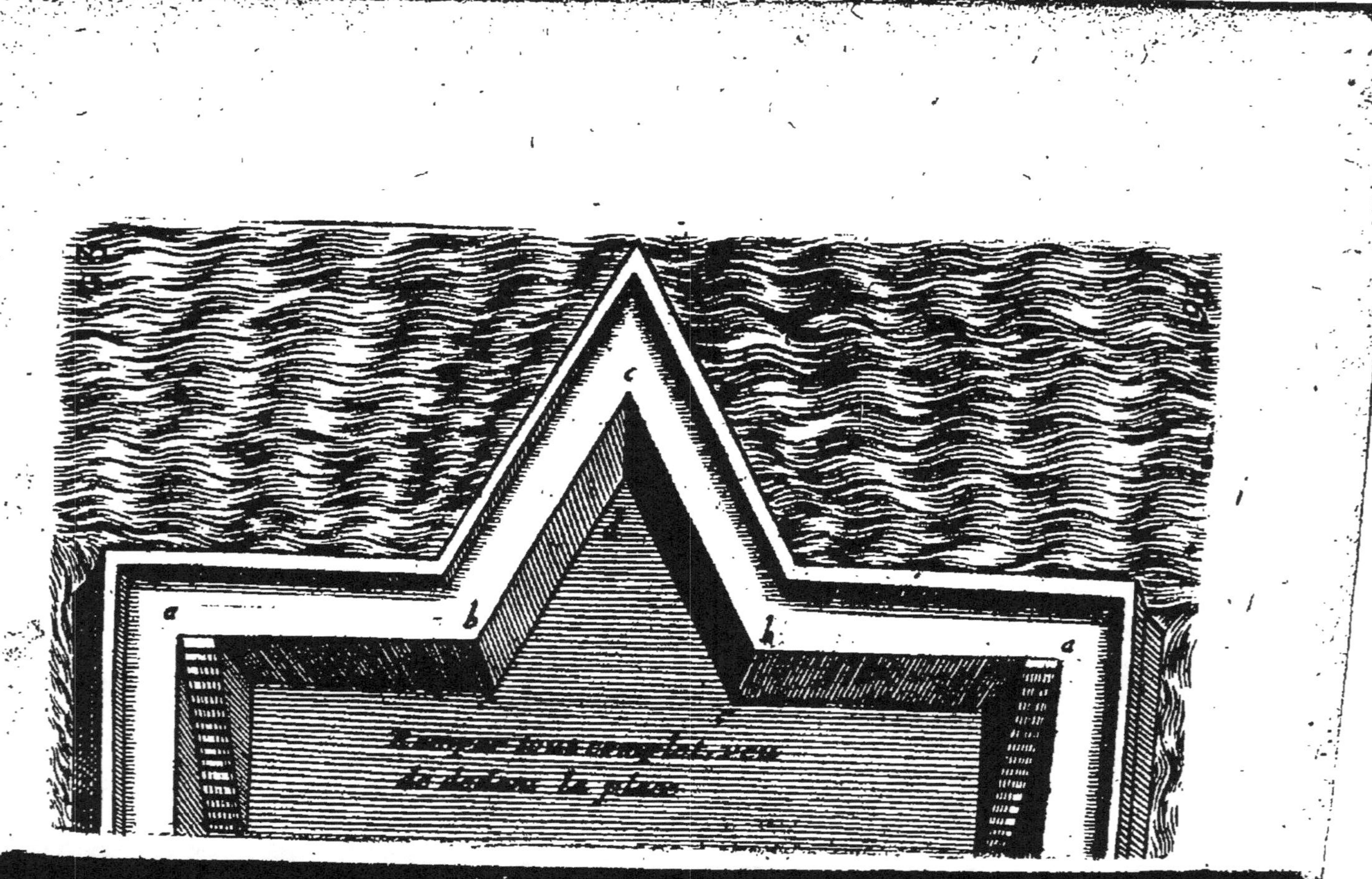
c
a
b
h
a
Rampar tout complet, veu
de dedans la place

Arbres
aquoy
vtiles su
un Ramp
a
b
G4
94

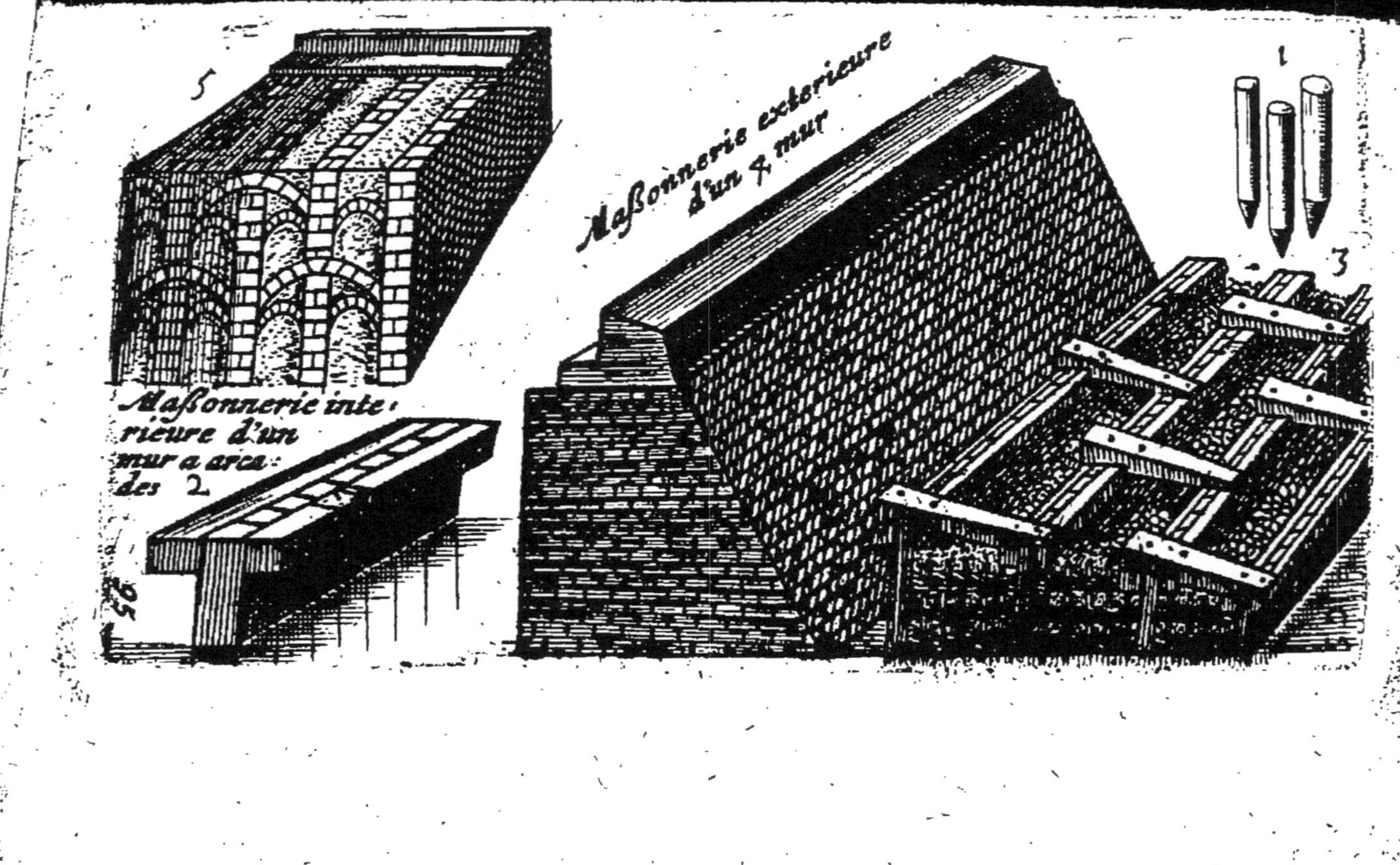
5
Maßonnerie exterieure d'un 4 mur
1
3
Maßonnerie inte-
rieure d'un
mur a arca-
des 2
25

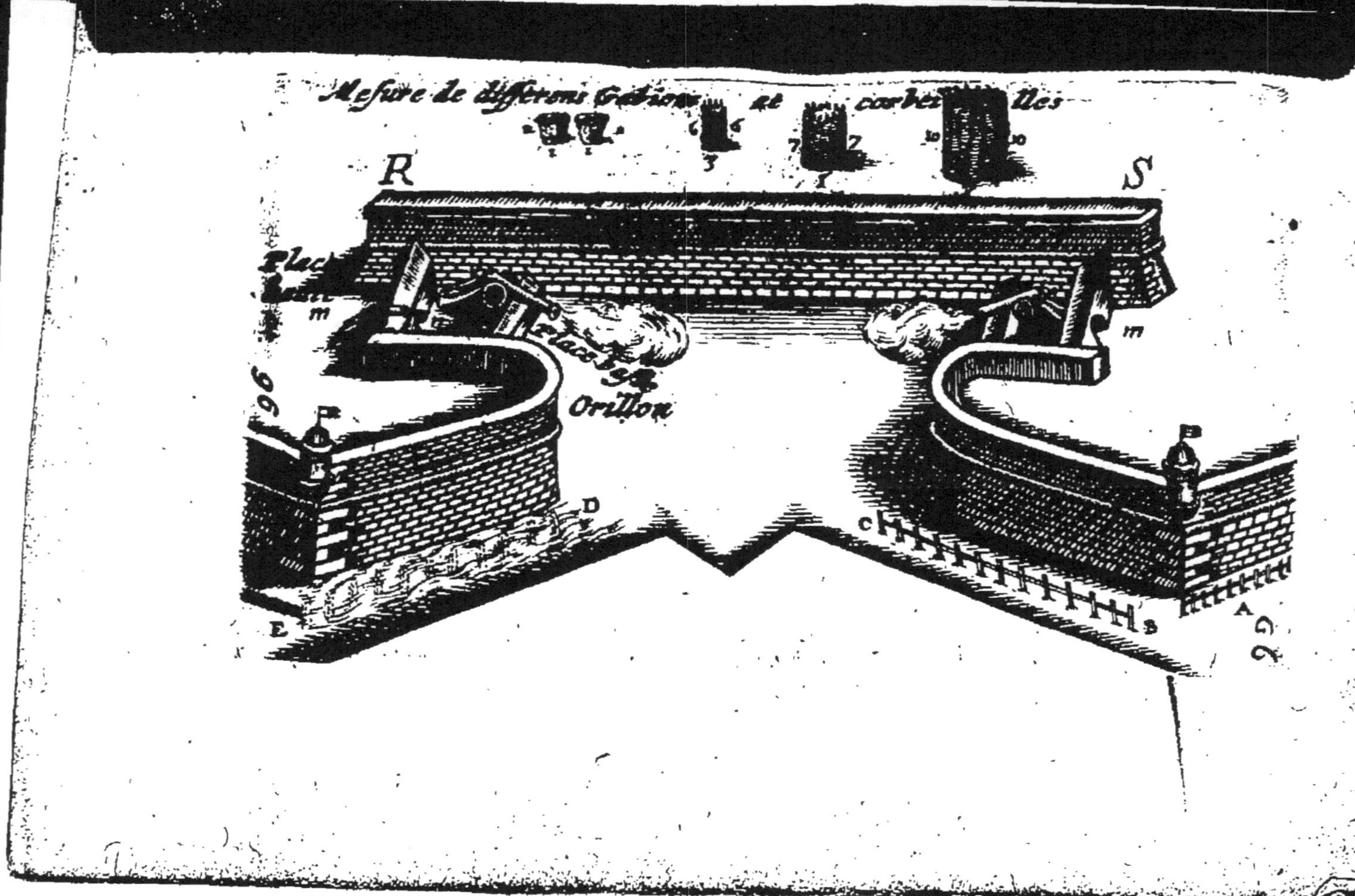
Mesure de differens Gabions et corbeilles
R
S
m
m
Orillon
96
D
C
E
B
A
G

G 7
a
b
Place
baſſe
c
Caualiers
Reueſtus
c

G 8
Esperons ou Contreforts
a
6
2

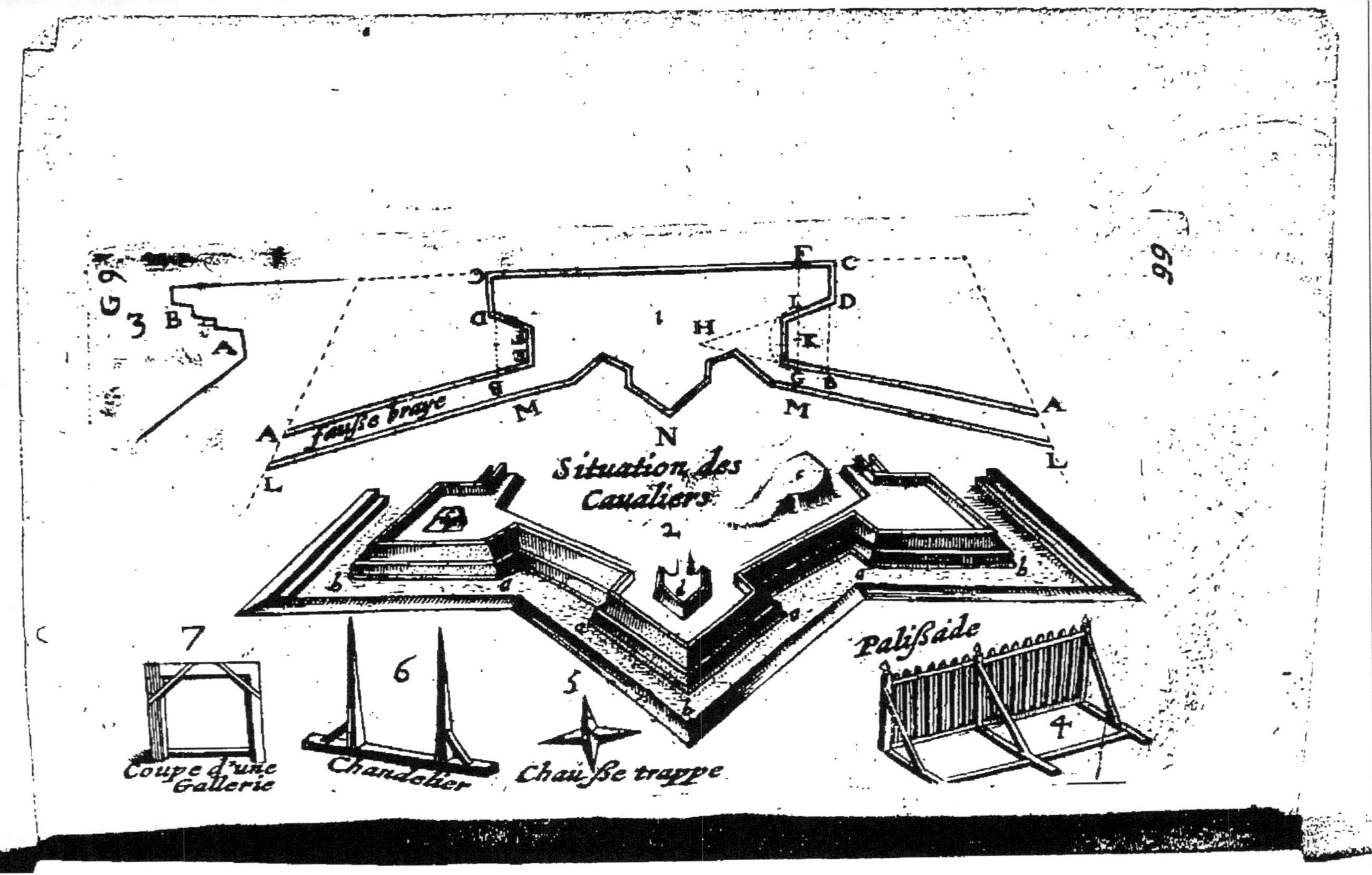
G 9
3
Fausse braye
Situation des Cavaliers
Palissade
Coupe d'une Gallerie
Chandelier
Chausse trappe
7
6
5
4
2
1
66

Eschauguette pour des ouurages G 10
reuestus

100

Eschauguette ou guerite pour des Ouurages de terre

H 1

Deßein d'une porte de ville

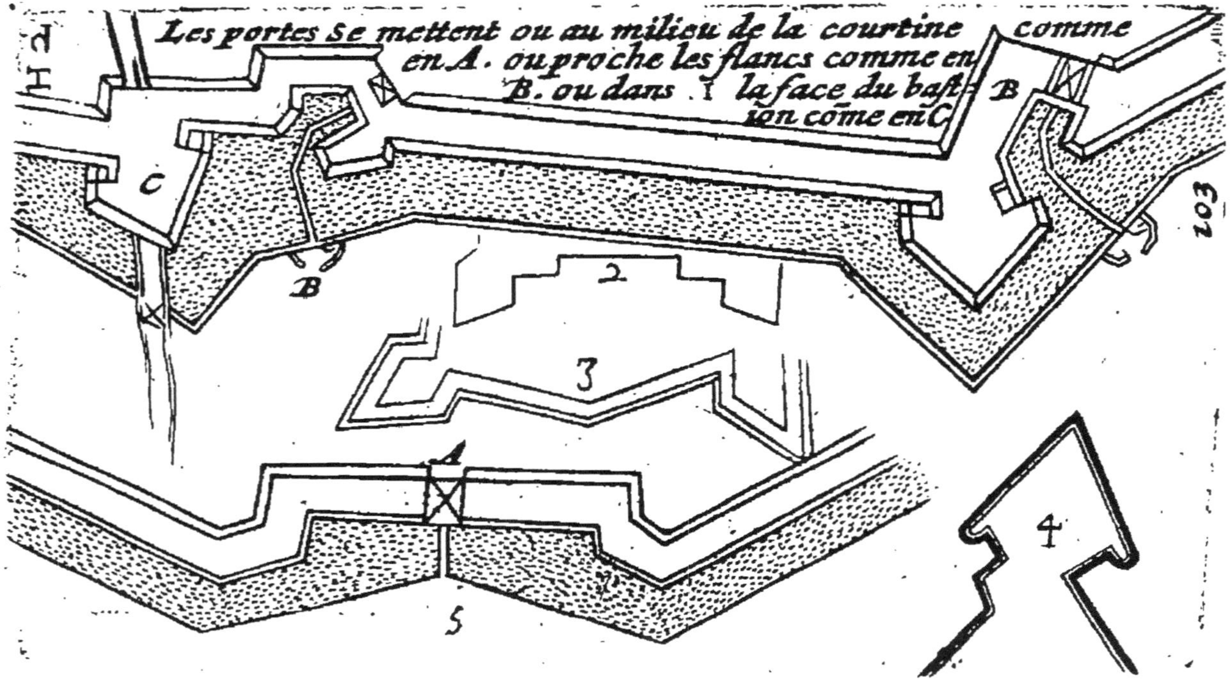

Les portes se mettent ou au milieu de la courtine comme en A. ou proche les flancs comme en B. ou dans la face du bastion côme en C

H 2

C

B

B

2

3

A

4

5

Rechau pour
voir dans le foßé
a
Tour et cloche
pour le Guet
b
d
c
109

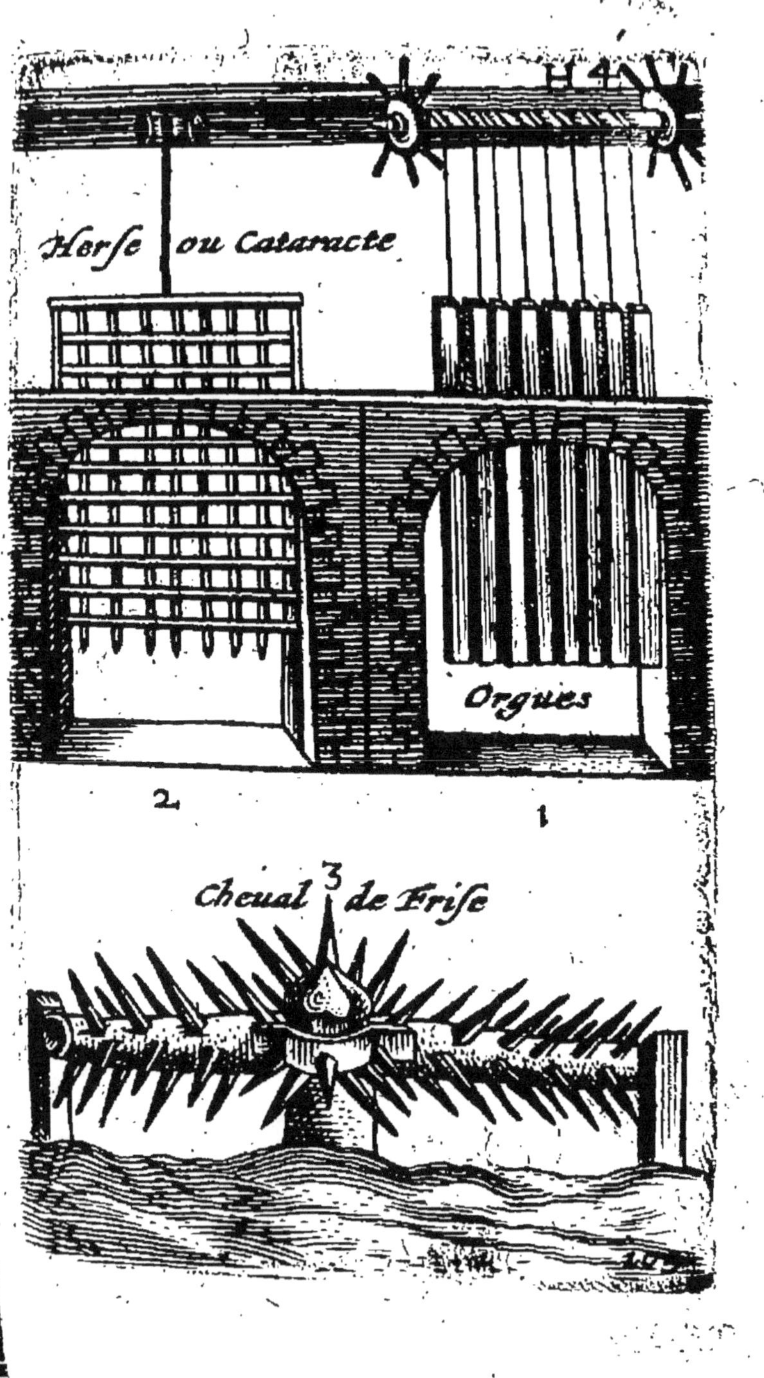
H 4
Herse ou Cataracte
Orgues
2
1
3
Cheual de Frise

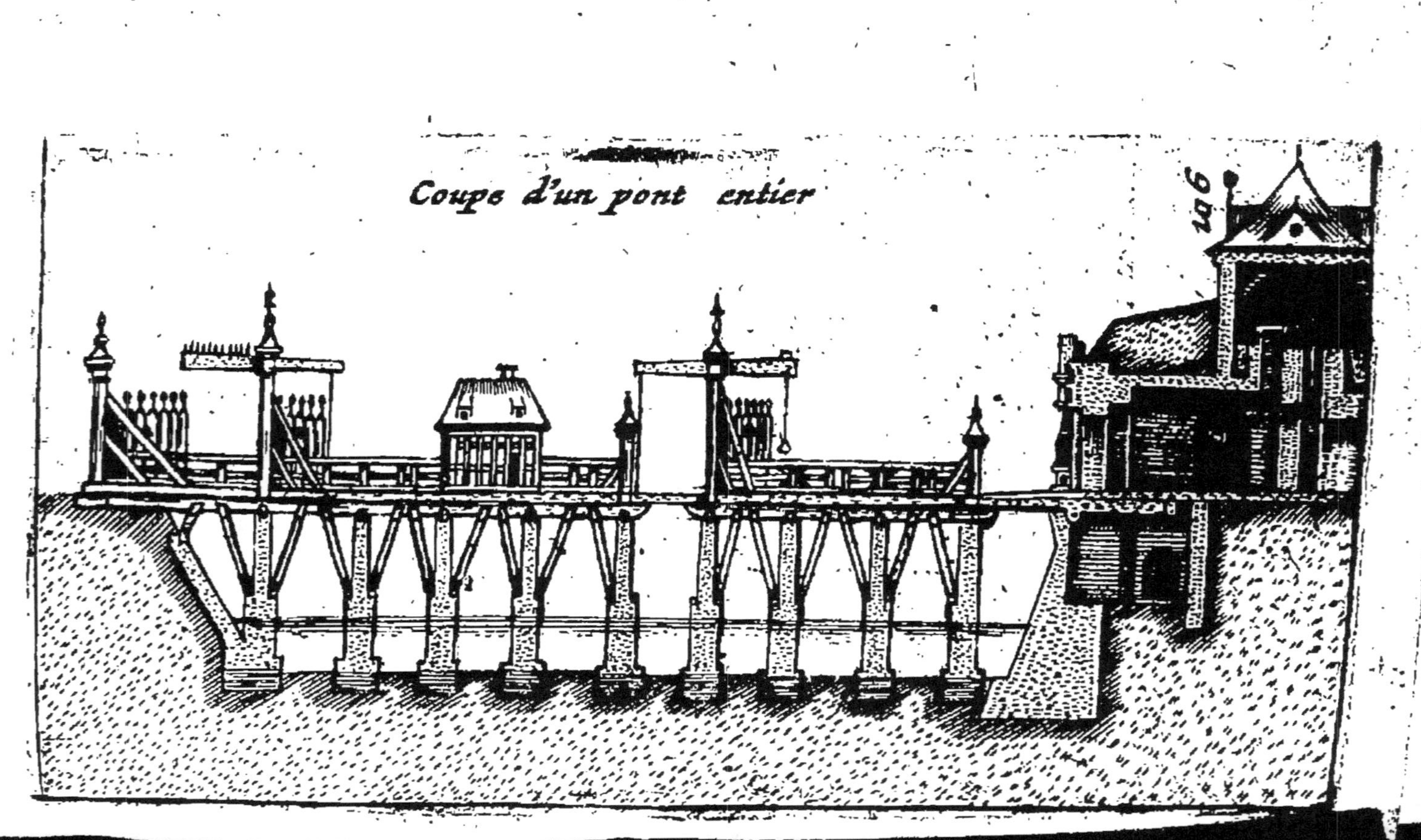

Coupe d'un pont entier

Representation d'une porte flanquee de deux bastions A. deffendue de deux cavaliers et couuerte d'un bon corps de garde e. de son couridor g. et Esplanade n.

H 6

10 30 verges

Ouurage propre pour une chaussée deuant quelque porte

H 7
1
2

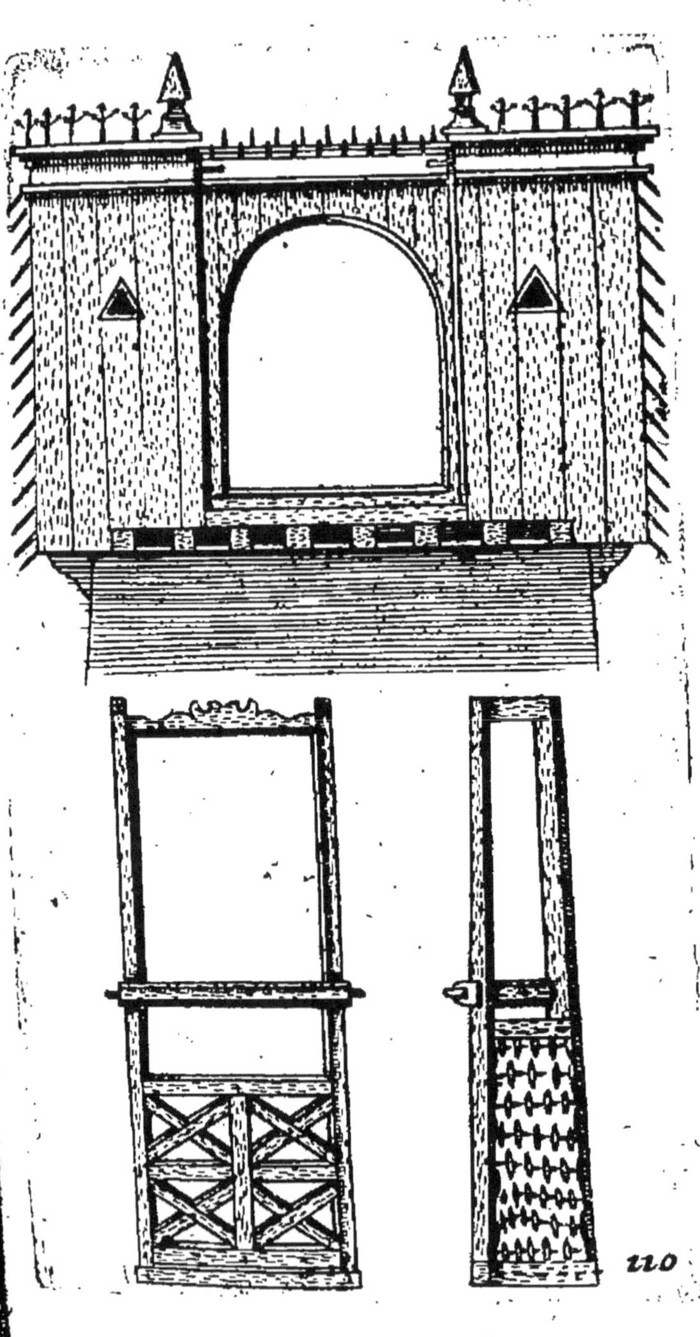
110

www.ingramcontent.com/pod-product-compliance
Lightning Source LLC
LaVergne TN
LVHW010128230826
846091LV00001BA/178

* 9 7 8 2 0 1 4 4 4 9 4 0 2 *